# コラーゲンとゼラチンの科学
## 食品に活かして楽しむ

和田正汎・長谷川忠男　編著

阿久澤さゆり・大森正司・笠井孝正
小山洋一・田中啓友・棚橋伸子　共著

建帛社
KENPAKUSHA

# はじめに

　私たちの今日の食習慣は，武家社会において盛んであった茶の湯の席の会席料理が原型といわれている。その会席料理は千利休と深いかかわりをもつ，飯と汁と菜からなる「一汁三菜の料理」である。「一汁三菜の料理」は長く受け継がれ，江戸時代に入ると町人の間にも広がった。そして，当時の人びとのたんぱく源は，ほとんどが魚介類であった。

　ヒトのからだは，体成分の構成比で14～17%，種類では約10万種のたんぱく質を含んでいる。たんぱく質の一種であるコラーゲンは，全たんぱく質の30%を占めている。これは生命活動を担うたんぱく質のなかでも，コラーゲンの果たす役割が大きいことを示唆している。そのコラーゲンはゆっくりであるが，代謝回転を行う。

　しかし長い歴史のなかで磨き上げられた日本人の食も，経済的環境や社会的環境の影響を受け，徐々に変化してきた。例えば魚の場合，魚の種類では赤身魚から白身魚に，食べ方では丸ごとから切り身へと嗜好が移っている。

　魚介類だけではなく，ほかの動物にも当てはまるが，コラーゲンは皮・骨・内蔵に多いので，丸ごとや煮魚にすればコラーゲンの摂取量は高くなる。

　今日，私たちは，コラーゲンを食事からどのくらい摂取しているのであろうか？　という質問に十分答えることはできない。さらに，たんぱく質資源の影響や調理の方法もめまぐるしく変わるなかで，コラーゲンの摂取量はどの程度がよいかという栄養上の課題も大きい。

　これらの課題への取り組みは，始まったばかりであるが，本書は現状

をわかりやすく解説している。また，2005年以降の研究で，摂取したコラーゲンは一般のたんぱく質とは異なる生理活性をもっていることが明らかになってきたので，これを紹介する。

　本書は，コラーゲンやゼラチンの基礎について学びたい人や，実務でゼラチン食品やコラーゲン料理にかかわる人には基礎と応用に役立つ入門書である。いつも本書を手元に置き，必要の都度利用していただければ著者一同これ以上の喜びはない。

2011年2月　編著者代表　和田正汎

# もくじ

はじめに………………………………………………(和田)…i

## 第Ⅰ編　科学的基礎

### 第1章　コラーゲンはどんな物質か　3
（田中・和田）

 1.1 たんぱく質の分類……………………………………………3
 1.2 コラーゲンのアミノ酸組成…………………………………4
 1.3 アミノ酸の構造………………………………………………6
 1.4 アミノ酸配列…………………………………………………6
 1.5 コラーゲンの分子構造………………………………………8
 1.6 コラーゲンの分子内および分子間架橋……………………10
 1.7 コラーゲンとゼラチンの違い………………………………12
 1.8 コラーゲンの分子種…………………………………………13

### 第2章　コラーゲンの働き　15
（和田・長谷川）

 2.1 たんぱく質の分類……………………………………………15
   1 基本的分類／15
   2 形態による分類／16
   3 機能的分類／17
 2.2 ヒトのからだのコラーゲン量………………………………18
 2.3 細胞外マトリックス（細胞外基質）………………………19
 2.4 老化とコラーゲンの関係……………………………………22

1　コラーゲンと皮膚の関係／22
2　コラーゲンと骨の関係／23
3　コラーゲンと骨格筋の関係／24

## 第3章　コラーゲンの代謝　27 　　　　　　　　　　　（小山）

### 3.1　コラーゲンの代謝……………………………………………27
1　コラーゲンの生合成／27
2　ヒドロキシプロリンの生合成／28
3　三重らせん構造の形成／29
4　コラーゲン線維の形成／29
5　コラーゲンの分解／31
6　コラーゲンの代謝回転／32

### 3.2　コラーゲンの消化と吸収……………………………………32

## 第4章　コラーゲンの栄養　35 　　　　　　　　　　　（小山）

### 4.1　コラーゲンと骨・関節の老化防止…………………………36
### 4.2　コラーゲンと皮膚（肌）の美容……………………………38
### 4.3　コラーゲンともろい爪………………………………………42
### 4.4　食事由来のコラーゲンがからだに作用する仕組み………43

## 第5章　コラーゲンの抽出　49 　　　　　　　（田中・和田・長谷川）

### 5.1　未変性コラーゲンの抽出……………………………………50
1　中性の塩溶液による抽出／50
2　酸溶液による抽出／50
3　酵素による抽出／50
4　アルカリ溶液による抽出／51
5　牛の年齢とコラーゲンの抽出率／51

●酸抽出法／51

　　●酵素抽出法／51

　　●アルカリ抽出法／52

5.2　牛アキレス腱からの抽出……………………………………53

　1　動物性酵素による抽出／53

　2　植物性酵素による抽出／53

5.3　牛すじ膜からの抽出……………………………………………55

　1　熱水への溶解性／55

　2　植物性酵素による抽出／56

5.4　料理におけるコラーゲンの抽出……………………………59

　1　テールスープ／59

## 第6章　ゼラチンの製造と改質　63 　　　　　　　（笠井）

6.1　ゼラチンの工業的製造……………………………………63

6.2　ゼラチン使用上の注意……………………………………63

　1　保存と溶解／63

　2　異なるゼラチンの混合／65

　3　ゼリー強度／66

6.3　改質ゼラチン………………………………………………67

　1　酵素による架橋の形成／67

　2　トランスグルタミナーゼ（MTG）による反応（1）／68

　3　トランスグルタミナーゼ（MTG）による反応（2）／68

　4　トランスグルタミナーゼ（MTG）による反応（3）／69

## 第Ⅱ編　食品と料理

### 第1章　食事に由来するコラーゲン量　73 （小山）

- 1.1　動物性食材のコラーゲン含量……………………………………74
- 1.2　食事からのコラーゲン摂取量……………………………………76
- 1.3　適切なコラーゲン摂取量…………………………………………77

### 第2章　コラーゲン・ゼラチンの料理　79 （棚橋・阿久澤・大森）

- 2.1　コラーゲン・ゼラチンたっぷりの食材からなる料理…………81
  - 1　はもしゃぶ（京料理魚常）／81
  - 2　テールスープ（京都家庭料理）／84
  - 3　いもぼう（平野家本店）／85
  - 4　牛すじとごぼうのさんしょう煮込み／86
  - 5　鶏手羽先と新じゃがいものはちみつ煮／87
- 2.2　動物性たんぱく質との組み合わせ料理…………………………88
  - 1　ふかひれ入り酸辛湯（サンラータン）／88
  - 2　白きくらげ入り杏仁豆腐（アンニンドウフ）／90
  - 3　茶碗蒸ししょうがあんかけ／91
  - 4　抹茶づくしババロア／92
  - 5　あなごの茶巾寿司／94
- 2.3　植物性たんぱく質との組み合わせ料理…………………………95
  - 1　うなぎ入り湯葉巻き／95
  - 2　牛すね肉とお豆のドライカレー／96
  - 3　さばの竜田揚げサラダ仕立て〜黒ごまドレッシング〜／97
  - 4　豚肉と厚揚げのカシューナッツ入り炒め／98
  - 5　スモークサーモンと豆腐のムース仕立て／99

2.4 野菜類・果汁・果実との組み合わせ料理……………………100
　1　スモークサーモンのサラダゼリードレッシング添え／100
　2　なまことこきゅうりの酢の物／101
　3　トマトと野菜のコンソメ寄せ／102
　4　オレンジゼリーのアールグレー風味／103
　5　白桃と白ワインゼリー／104

2.5 保水性・保型性を活かしたとろみ調整食品と
　　嚥下用食品……………………………………………………105
　1　白身魚のおろしあんかけ／105
　2　おもてなしの寿司料理／106
　3　えびムースゼリー／107
　4　そうめん寄せ／108
　5　やわらか抹茶ゼリー／109
　6　とろりみそスープ／110
　7　かぼちゃの冷製ポタージュスープ／111

# 第3章　食品のゲル化とテクスチャー　117　　　（和田）

3.1 どのような食品がゲル化食品と呼ばれているか……………118
3.2 食品におけるゲルの形成………………………………………119
3.3 ゲル化食品のテクスチャー……………………………………121
3.4 プリンの香りとテクスチャーの研究…………………………123
　1　原 料 配 合／123
　2　ゲ ル 強 度／124
　3　香りの強さ／125
　4　甘　　　さ／126
　5　香料成分とフレーバー・リリース／127
3.5 事例研究－市販プリン－………………………………………128

1　原料配合／128
　　　2　官能評価／129
　3.6　**食品用ゼラチンの特性とその選択**..................................130
　　　1　ニッピデイリーゼラチン DP／130
　　　2　ニッピデイリーゼラチン DG／132
　　　3　ニッピデイリーゼラチン DB（魚由来ゼラチン）／132
　　　4　水溶性ゼラチン MAX-F（魚由来ゼラチン）／133

**おわりに**..................................................〈小山〉....135
**さくいん**............................................................137

# 第Ⅰ編

## 科学的基礎

# 第1章

# コラーゲンはどんな物質か

　たんぱく質は，ヒトのからだを構成している成分のひとつである。たんぱく質の英語名は protein で，ギリシャ語の proteios に由来し，「第一に重要なもの」という意味をもっている。

　これから学ぶコラーゲンは，たくさんの種類があるたんぱく質の一種である。「コル」が「膠（にかわ）」，「ゲン」が「そのもとになるもの」の意味であり，ヒトとコラーゲンのかかわりが膠の利用から始まったことがわかる。コラーゲンとはどのような成分であり，どのような特徴をもっているのであろうか。

## 1.1 たんぱく質の分類

　たんぱく質は基本単位であるアミノ酸の種類・配列・ペプチド結合の数などによってたくさんの種類がある。たんぱく質を構成成分で分類すると3つに小分類できる。

> 単純たんぱく質：アミノ酸のみからなるたんぱく質
> 複合たんぱく質：単純たんぱく質に糖質などが結合したもの
> 誘導たんぱく質：部分加水分解や変性を伴うもの

コラーゲンは単純たんぱく質に属す。加熱変性したコラーゲンがゼラチンであり、ゼラチンは誘導たんぱく質に分類される。

## 1.2 コラーゲンのアミノ酸組成

私たちが日常摂取しているのは、牛骨・牛皮・豚皮・魚鱗などを抽出・精製した変性コラーゲンである。その中から、もっともよく使われている牛コラーゲンのアミノ酸組成を示した（表Ⅰ-1-1）。

表をみると、グリシンがもっとも多く、全体の1/3を占めている。次に多いのはプロリンで、アラニン・ヒドロキシプロリンと続く。グリシン・プロリン・アラニン・ヒドロキシプロリンを加えると、全アミノ酸の2/3を占める。

後出の第Ⅱ編第2章でコラーゲン食品・料理を紹介しているので参照されたいが、私たちは「コラーゲン」や「ゼラチン」という言

### 明治時代、話題のコラーゲン食品・料理レシピ

① 杏（あんず）の羊羹
　乾杏を弱火で煮、さらに砂糖を加え、軟らかくなったら、裏濾ししてゼラチンで寄せる。

② 魚のグレー
　海魚では、鯛（たい）、鱸（すずき）、鯖（さば）、鯔（ぼら）、鰈（かれい）、比目（ひらめ）、川魚では、鯉（こい）、鱒（ます）、山女（やまめ）、鮭（さけ）など肉に膠（コラーゲン）の多い種類を選び、背から開いて骨を抜き、塩胡椒を振り掛けて、サラダ油に漬けてから鉄あみの上で焼く。　（報知新聞（現在の読売新聞）1903年より）

第1章 コラーゲンはどんな物質か　5

葉の意味を知らなくとも，コラーゲン材料を上手に生かした食生活を楽しんできている。

表Ⅰ-1-1　牛コラーゲンのアミノ酸組成

| アミノ酸 | アミノ酸残基数（1,000残基あたり） |
|---|---|
| ヒドロキシプロリン | 95.1 |
| アスパラギン酸＋アスパラギン | 43.0 |
| トレオニン | 16.1 |
| セリン | 32.1 |
| グルタミン酸＋グルタミン | 72.6 |
| プロリン | 125.6 |
| グリシン | 331.1 |
| アラニン | 122.2 |
| システイン | 0.0 |
| バリン | 19.7 |
| メチオニン | 5.6 |
| イソロイシン | 10.9 |
| ロイシン | 24.0 |
| チロシン | 3.7 |
| フェニルアラニン | 12.6 |
| ヒドロキシリシン | 7.4 |
| リシン | 25.5 |
| ヒスチジン | 4.0 |
| アルギニン | 48.7 |

出典）服部俊治ほか：フレグランスジャーナル，29，52～58（2001）

topics!　コラーゲンの味●

個々のアミノ酸には，それぞれ特有の味がある。コラーゲンそのものは無味無臭であるが，構成するアミノ酸には甘味・うま味のあるものがたっぷり含まれている。

## 1.3 アミノ酸の構造

アミノ酸は炭素原子（C），アミノ基（NH$_2$），カルボキシル基（COOH），水素原子（H），側鎖（R）の結合でできている（図Ⅰ-1-1）。アミノ酸の性質は側鎖によって決定する。

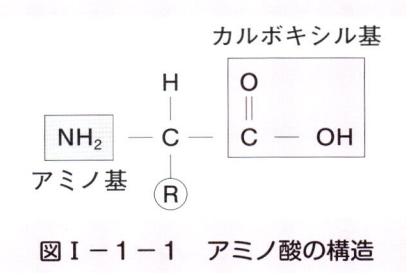

**図Ⅰ-1-1　アミノ酸の構造**

## 1.4 アミノ酸配列

たんぱく質は20種のアミノ酸で構成される。アミノ酸の分子内にはカルボキシル基とアミノ基が存在する。あるアミノ酸のカルボキシル基とほかのアミノ酸のアミノ基の間で縮合反応が起き，脱水されて，ペプチド結合ができあがる。このペプチド結合は共有結合で，結びつきが強い（図Ⅰ-1-2）。

長いペプチド結合からなるアミノ酸配列（アミノ酸残基配列ともいう）をポリペプチド，大きいポリペプチドをたんぱく質と呼ぶ。

第1章 コラーゲンはどんな物質か　7

たんぱく質の構造は'結合'によって支えられている。

　共有結合──ペプチド結合・ジスルフィド結合
　非共有結合─イオン結合・水素結合・疎水結合

非共有結合は，共有結合よりはるかに弱いが，多数集まると強い結合力となる。

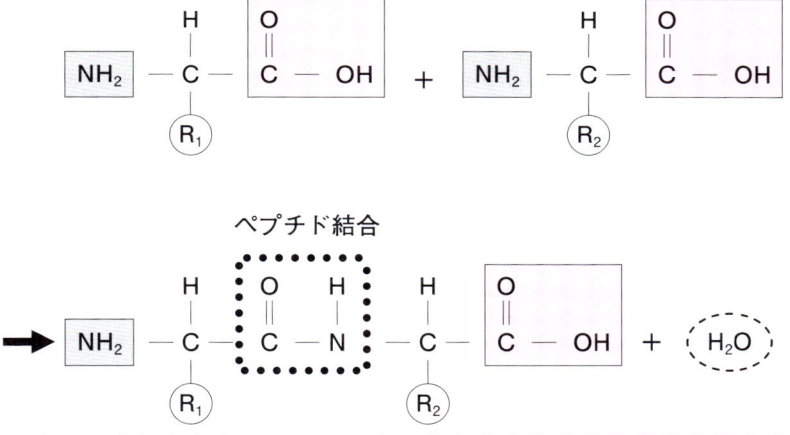

図Ⅰ-1-2　アミノ酸同士のペプチド結合

　このアミノ酸によるペプチド結合を X + Y → -X-Y- と簡略化して表記することが多い。

　一例として，牛コラーゲンの分子中央のアミノ酸配列を一部抜き出してみると以下のとおりである。

-Gly-Pro-Met-Gly-Pro-Ser-Gly-Pro-Arg-Gly-Leu-Hyp-Gly-Ala-Hyp-
　　（Gly：グリシン，Pro：プロリン，Hyp：ヒドロキシプロリン）

コラーゲンは，Gly-X-Y という3個のアミノ酸配列が繰り返されている。また，X の位置にプロリン，Y の位置にヒドロキシプロリンが配列されることが多い。

この特徴は中央部だけでなく，両端のテロペプチド（非ヘリックスとも呼ぶ）部を除くすべてのアミノ酸配列に当てはまる。

これが，コラーゲンのグリシンが全アミノ酸の1/3を占める理由である。

## 1.5 コラーゲンの分子構造

コラーゲン分子には，アミノ酸配列の異なる29の種類がある（後述参照）。その中で私たちとのかかわりが深いⅠ型コラーゲンについて説明する。

Ⅰ型コラーゲンは，アミノ酸（アミノ酸残基）が約1,000のポリペプチド3本からなるたんぱく質である。3本のポリペプチドはコラーゲンα鎖という。このうちの2本はアミノ酸残基配列が同じでα1鎖，残りの1本はα2鎖と呼ばれる。

コラーゲン分子は，この3本のα鎖が互いにねじれ，三重らせん構造をとっている（コラーゲンのヘリックス構造）（図Ⅰ-1-3）。

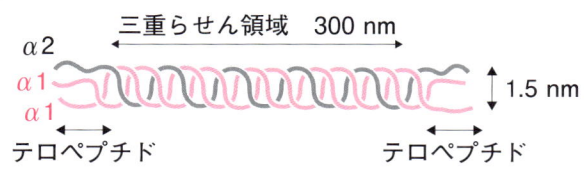

図Ⅰ-1-3　Ⅰ型コラーゲン分子の三重らせん構造

三重らせん構造によって，コラーゲン分子は化学的・物理的に安定している。グリシンは分子量が小さくてねじれが容易なため，三重らせん構造の内側に位置して構造維持に役立っている。

　コラーゲンの分子は三重らせん構造をしており，これが結びついてコラーゲン細線維（図Ⅰ-1-4）を形成し，さらに結びついてコラーゲン線維を形成している。コラーゲン細線維を電子顕微鏡で観察すると縞模様の横紋構造が観察できる（図Ⅰ-1-5）。

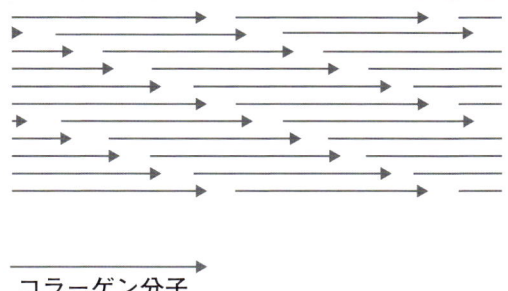

**図Ⅰ-1-4　コラーゲン細線維の模式図**

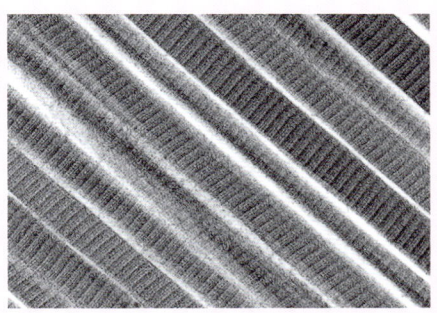

**図Ⅰ-1-5　コラーゲン細線維の電子顕微鏡写真（牛アキレス腱）**

## 1.6 コラーゲンの分子内および分子間架橋

　牛を例にあげて考えてみる。牛は大きなものでは重さが1トン以上にもなる。骨格筋と骨を結びつけているアキレス腱は，この重量に耐えていることになるが，その主成分はⅠ型コラーゲンである。コラーゲン線維が，コラーゲン分子同士の水素結合だけで結びついているのであれば，このような重量に耐えることはできない。

　機械的強度を得るためには，水素結合のような弱い結合だけでなく，共有結合のような強い結合が，コラーゲン分子同士を結びつける必要がある。

　体内で酵素の力をかりて生合成された若いコラーゲンには，共有結合の架橋ができ，未熟架橋と呼ばれている。この未熟架橋は胎児や若い子どもに多くみられる。

　コラーゲンが成熟すると未熟架橋が減少し，かわって増加する共有結合の架橋が成熟架橋である。成熟架橋も酵素反応で形成される。成熟架橋はコラーゲン線維が機械的な強度を獲得するために必須である。

　これに対して，加齢とともにコラーゲンに増加する架橋が発見され，老化架橋と呼ばれている。老化架橋が増えるとコラーゲンはたんぱく質分解酵素による分解を受けにくくなり，代謝回転が低下する。そして，私たちの細胞の活動が低下すると，コラーゲンの代謝も低下してくる。老化架橋の形成は酵素に依存しない反応である。

　分子内および分子間架橋は，コラーゲン量にかかわることではなく，コラーゲンの質に影響する。

第1章 コラーゲンはどんな物質か 11

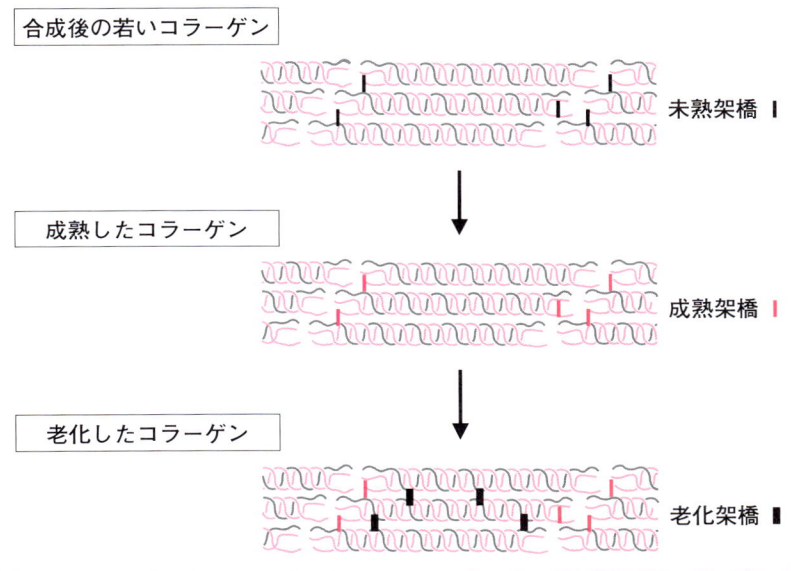

図Ⅰ-1-6 コラーゲンの老化と分子間架橋の模式図

## 1.7 コラーゲンとゼラチンの違い

　コラーゲン分子の安定化に寄与している水素結合，さらにはイオン結合，疎水結合などは，加熱などの物理的作用や酸・アルカリなどの化学的作用を受けると，それらの非共有結合が切れるため，コラーゲンの三重らせん構造はバラバラになる（図Ⅰ-1-7）。これをコラーゲンの変性と呼ぶ。変性コラーゲンを，一般的にはゼラチンと呼称している。

　組織コラーゲンを加熱すると60℃くらいから熱変性によるゼラチン化が始まり，80℃で全体がゼラチン化する。

　しかし，先に組織からコラーゲンを抽出し，これを加熱すると組織コラーゲンより低い温度で変性する。この場合，およそ40℃くらいで全体の半分がゼラチン化する。

　変性温度は，動物の種類によっても異なる。哺乳動物由来のコラーゲンは，魚類のコラーゲンより変性温度が高い。

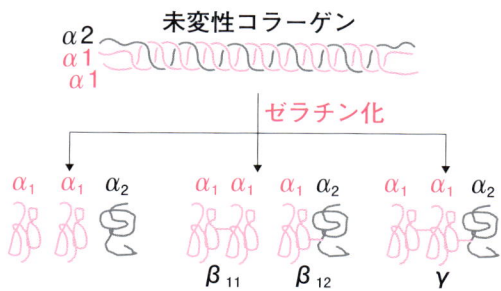

図Ⅰ-1-7　コラーゲン分子と変性コラーゲン分子の模式図

## 1.8 コラーゲンの分子種

　コラーゲンは，細胞と細胞の間に存在しているたんぱく質である。細胞数60兆といわれるヒトのからだには，ほとんどの部位にコラーゲンが存在するのである。遺伝子配列の解析結果から，分子構造やアミノ酸配列の異なる29の分子種の存在が知られている。その中から，いくつかを列記した（表Ⅰ-1-2）。これらのコラーゲンは，ヒト組織や器官の結合組織を形成し，からだを支えている。

表Ⅰ-1-2　コラーゲンの分子種

| 型 | 主 な 分 布 |
|---|---|
| Ⅰ | 皮膚・骨・腱など種々の組織 |
| Ⅱ | 軟　骨 |
| Ⅲ | 皮膚・動脈壁 |
| Ⅳ | 基　底　膜 |
| Ⅴ | 角　膜 |
| Ⅵ | 種々の組織 |
| Ⅶ | 基底膜近傍 |
| Ⅷ | 角膜デスメ膜・血管内皮細胞 |
| Ⅸ | 軟　骨 |
| Ⅹ | 軟　骨 |
| ⅩⅠ | 軟　骨 |
| ⅩⅤ | 腎臓　など |
| ⅩⅧ | 肺・肝臓など |
| ⅩⅩⅥ | 精巣・卵巣 |
| ⅩⅩⅧ | 神経シュワン細胞周辺基底膜 |

>  **コラーゲンの溶けやすさ　大動物と小動物**
>
> 　大動物のコラーゲンは，小動物のコラーゲンより溶けにくい。
> 　牛のアキレス腱を中性塩溶液で抽出しても，コラーゲンはほとんど溶けない。しかし，マウスのテールは牛のアキレス腱よりもコラーゲンが溶解しやすい。
> 　これは，牛アキレス腱のコラーゲンはほとんど不溶性コラーゲンであるが，マウスのテールコラーゲンは可溶性コラーゲンが多いためであり，実験に使いやすい。

●参考文献●

- 岸　恭一・木戸康博：タンパク質・アミノ酸の新栄養学，講談社（2007）
- 服部俊治ほか：フレグランスジャーナル，**29**：52〜58（2001）
- 服部俊治：第2章　化粧品とコラーゲン（谷原正夫監修：コラーゲンの製造と応用展開），シーエム出版（2009）
- 藤本大三郎：コラーゲン物語，東京化学同人（1999）
- 野田春彦・永井　裕・藤本大三郎編：コラーゲン－化学・生物学・医学，南江堂（1978）

# 第2章 コラーゲンの働き

　ヒトは，いろいろな食べものを上手に組み合わせ，栄養素のバランスをとり，健康を維持しているのだが，それでも高齢化を避けて通ることはできない。高齢化は，からだの変化を伴うことが多く，これを老化現象と呼ぶ。しかし，私たちの周囲には老いても元気な高齢者をたくさんみかける。

　老化によって，体内のたんぱく質や水分は減少し，細胞そのものの減少や萎縮がみられる。特に私たちのからだの支え役を担っている結合組織が不活性化すると，生理機能も低下する。

　結合組織の主成分であるコラーゲンは，どのような働きをしているのであろうか。

## 2.1 たんぱく質の分類

### 1 基本的分類

　たんぱく質を構成成分で分類すると，単純たんぱく質，複合たんぱく質，誘導たんぱく質の3つに小分類され，コラーゲンは単純たんぱく質であることは，第1章で述べた。

単純たんぱく質に分類されるのは、コラーゲンのほかにアルブミン・グロブリン・グルテン・プロラミンなどである。

## 2 形態による分類

たんぱく質は、分子の形態から球状たんぱく質、線維状たんぱく質の2つに小分類される。

> 球状たんぱく質：水溶性たんぱく質が多い。ほとんどの酵素、アルブミン、グロブリン、免疫グロブリンなど。
> 線維状たんぱく質：分子量が大きく、水に溶けにくい。毛髪、爪などに存在するケラチン、絹フィブロイン、コラーゲンなど。

図Ⅰ-2-1にコラーゲン、絹フィブロインおよび羊毛ケラチンがそれぞれ異なる構造をとることを示した。この図から、らせんの

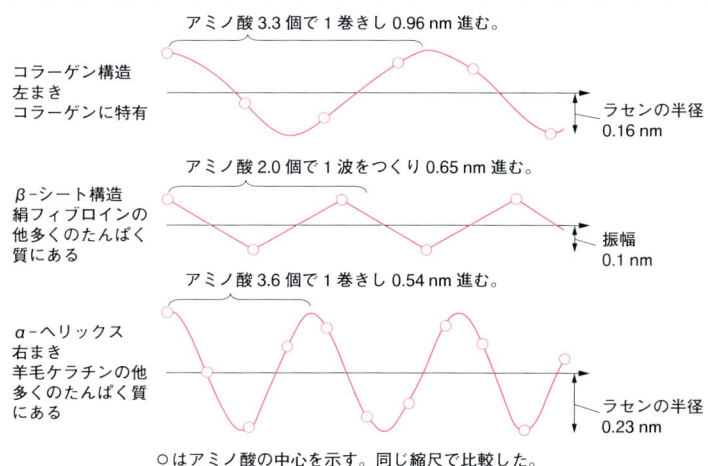

図Ⅰ-2-1　コラーゲン・絹フィブロイン・羊毛ケラチンの分子構造
出典）久保木芳徳ほか：次世代タンパク質コラーゲン，p.37，講談社（1986）

半径や1回転の長さは、たんぱく質によって異なることがわかる。

##  機能的分類

　たんぱく質はからだをつくるだけでなく、いろいろな働きをもっている。表Ⅰ-2-1にたんぱく質を機能で分類し、その主な働きを示した。

表Ⅰ-2-1　たんぱく質の機能的分類

| たんぱく質の種類 | 機　　能 |
|---|---|
| 構造たんぱく質 | 疎性結合組織、密性結合組織、骨組織など |
| 酵素たんぱく質 | 生体内反応の触媒 |
| 輸送たんぱく質 | 生体内の物質輸送 |
| 収縮・運動たんぱく質 | 筋肉の収縮、細胞の運動 |
| 防御たんぱく質 | 生体防御反応 |
| 調節たんぱく質 | 代謝調節 |
| 受容体たんぱく質 | 情報の伝達 |
| 貯蔵たんぱく質 | 栄養素の貯蔵 |

　コラーゲンは構造たんぱく質の一種で、結合組織を構成している。構造たんぱく質の機能として、疎性結合組織・密性結合組織・骨組織などがあげられる。

　血液やリンパ液はからだを支える働きはないが、結合組織の一種である。栄養素や老廃物の輸送・回収、損傷を受けた皮膚などの組織回復にかかわっている。

① 疎性結合組織：コラーゲン線維と弾性線維からなり，器官をやわらかく囲んで保護している。皮膚下の脂肪組織やリンパ組織，骨髄などがこれにあたる。
② 密性結合組織：コラーゲン線維と弾性線維からなる。腱（筋と骨を結ぶ），靭帯（関節を飛び越え骨と骨を結ぶ），筋膜，皮膚などの種類がある。皮膚は外から表皮・真皮・皮下組織の3層構成で，真ん中に挟まれている真皮はコラーゲンや弾性線維を多く含み，強靭で伸縮性に富む。
③ 骨組織：カルシウム塩とコラーゲンが主成分である。骨の柔軟性・強靭性はコラーゲンのはたらきからである。骨にはカルシウム $Ca^{2+}$ の貯蔵庫としての役割もある。

## 2.2 ヒトのからだのコラーゲン量

ヒトのからだは水分・たんぱく質・脂質・糖質および無機質からなる。構成比を表Ⅰ-2-2に示した。

表Ⅰ-2-2　成人のからだの構成成分比

|  | 男性 | 女性 |
|---|---|---|
| 水　分 | 61 | 51 |
| たんぱく質 | 17 | 14 |
| 脂　質 | 16 | 30 |
| 糖　質 | 0.5 | 0.5 |
| 無機質 | 5.5 | 4.5 |

つぎに、ヒトの体内でコラーゲン量の多い器官を示した（表Ⅰ-2-3）。

表Ⅰ-2-3　コラーゲンの多い器官

| 器　官 | 無　機　物 | | 有　機　物 | |
|---|---|---|---|---|
| | 水 | その他 | コラーゲン | その他 |
| 皮　　膚 | 65 | 1 | 25 | 9 |
| 　　腱 | 63 | 0.5 | 32 | 5 |
| 軟　　骨 | 70 | 1.5 | 16 | 13 |
| 　　骨 | 10 | 65 | 23 | 2 |
| 　　歯 | 11 | 69 | 18 | 2 |
| 大　動　脈 | 76 | 1 | 4 | 19 |

（数値は g/100 g 湿重量）

## 2.3 細胞外マトリックス（細胞外基質）

　ヒトなどの多細胞動物では、細胞が組織をつくり、組織が器官をつくっている。さまざまな器官は個体をつくり、生命が維持されているのである。

　組織は細胞と細胞外マトリックスでできている。細胞外マトリックスとは、細胞の回りを構成する骨格構造である。細胞外マトリックスを通じて、細胞の移動や相互作用が行われており、重要な機能を果たしているのである。

ヒトのからだは大きく分けて以下の4つで構成されている。

① 血管・神経・リンパ管
② 筋肉
③ 上皮組織（皮膚あるいは肺・腸・血管の内側表面）
④ 支持組織（脂肪組織・軟骨・骨・線維性結合組織）

上皮組織は栄養吸収・外界との遮断などを司る。細胞外マトリックスはほとんどない。

支持組織はからだを支え，さまざまな部分を結びつけており，結合組織と呼ばれる。結合組織では細胞外マトリックスが多く，細胞はまばらである。

結合組織の主成分はコラーゲンである。つまり，コラーゲンは細胞の外でからだを支え，さまざまな部分を結びつける役割を担っているのである。細胞とコラーゲンの結びつきを模式図で示したものが図Ⅰ-2-2である。

## 細胞外マトリックスの成分

コラーゲンやエラスチン以外の細胞外マトリックスのひとつは，グリコサミノグリカンと呼ばれる多糖である。グリコサミノグリカンには，コンドロイチン硫酸，ケラタン硫酸，デルマタン硫酸，ヘパラン硫酸，ヘパリン，ヒアルロン酸などがある。ヒアルロン酸以外のグリコサミノグリカンはたんぱく質と結合している。これをプロテオグリカンという。ヒアルロン酸は大量の水を保持できることで知られている。

もうひとつの細胞外マトリックスは糖たんぱく質で，フィブロネクチンやラミニンである。フィブロネクチンは細胞と結合し，また他の細胞外マトリックスの成分とも，よく接着することができる。

第2章　コラーゲンの働き　21

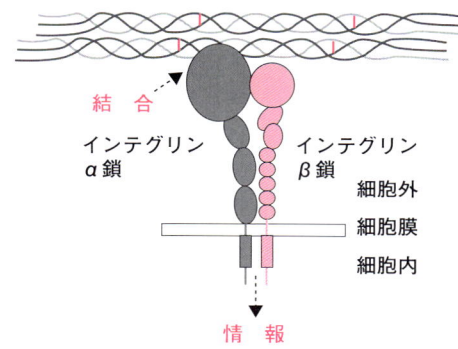

インテグリン
- 細胞表面たんぱく質である
- 細胞外マトリックスへの細胞結合，細胞外マトリックスから細胞への情報伝達に関与している
- α鎖とβ鎖の２つのサブユニットで構成されている

図Ⅰ－2－2　細胞外マトリックスのはたらきの模式図

 コラーゲンがなくなるとどうなる？

　動物のからだの結合組織，すなわち細胞外マトリックスがなくなると，その動物はどのようになるのであろうか？

　ヒトの肝臓は重量で１～1.5 kgあり，最大の内臓器官である。そして肝臓の結合組織はほかの器官に比べると少ないことが知られている。

　小動物に麻酔をかけ，肝臓の中を通る血管にコラーゲンを分解するコラゲナーゼという酵素を注入し，肝臓の組織にコラゲナーゼをしみこませ，結合組織を分解した。肝臓をとり出してしばらくすると，肝臓はやわらかくなった。これをとり出しておだやかにしごくと，肝臓は壊れて，細胞がバラバラになった。

　このような事実から，コラーゲンが組織の維持に重要であることがわかる。

## 2.4 老化とコラーゲンの関係

### 1 コラーゲンと皮膚の関係

つぎに，加齢により老化が進むと，結合組織が担う器官はどのような影響を受けるであろうか。

健康で若々しいヒトの皮膚と，老化が進み皮膚の衰えがみられるヒトの皮膚の違いを模式図で示した（図Ⅰ-2-3）。

老化が進むと，皮膚のコラーゲンが質・量ともに低下し，真皮の弾力性も衰えてくる。

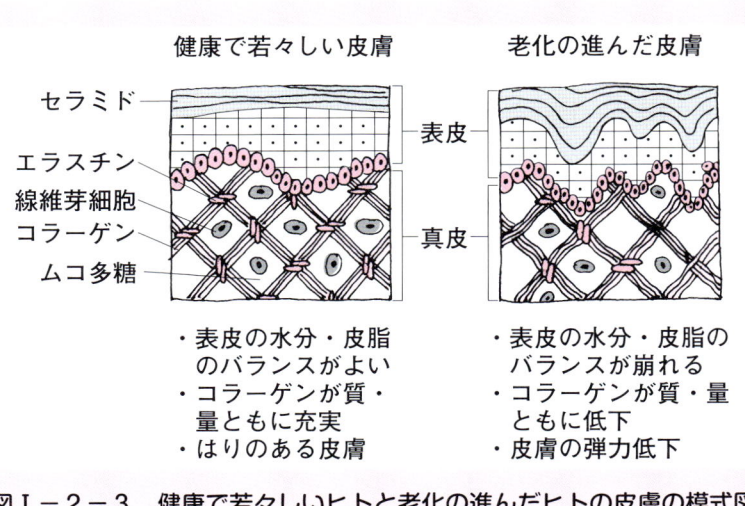

図Ⅰ-2-3　健康で若々しいヒトと老化の進んだヒトの皮膚の模式図

## 第2章　コラーゲンの働き

ヒトのからだの器官を支えている結合組織は，絶えず代謝回転している。古いものを分解して新しいものを生合成することを繰り返している。こうして私たちの健康は保たれているのである。

## 2 コラーゲンと骨の関係

高齢化が進むと，骨が折れやすい，歩きにくくなるなど，骨にかかわる疾患がみられるようになり，社会問題のひとつとして取り上げられている。若いときから適切な食生活を営むことによって予防に努めることが大事である。

骨は，内部にある骨芽細胞がコラーゲンなどのたんぱく質を分泌することによって網目の構造をつくり，その間隙にリン酸カルシウムのヒドロキシアパタイトが沈着することで形成される（図Ⅰ-2-4）。

骨密度は，内側の海綿骨で低く，外側の皮質骨では高い。

骨髄では血液がつくられる。

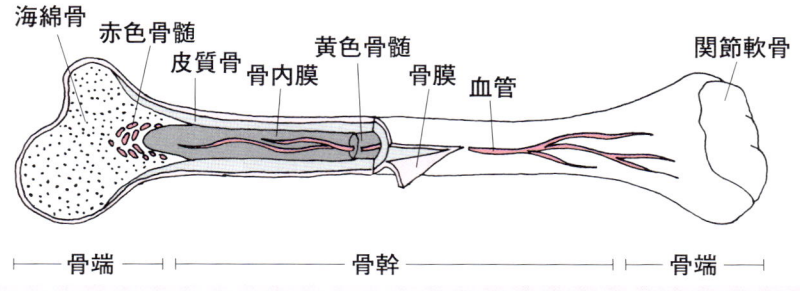

図Ⅰ-2-4　骨の構造

## 3 コラーゲンと骨格筋の関係

　私たちは肉料理をよく食べる。特に牛肉をおいしく食べることと結合組織とは深いかかわりがある。

　食肉の大半は骨格筋である。骨格筋の筋細胞は，筋線維と呼ばれ，主成分はミオシンとアクチンからなる。筋線維はフィラメントを形成する。このフィラメントを結合組織が被覆し，これが多数束ねられて骨格筋を形成している。牛の骨格筋の模式図を示す（図Ⅰ－2－5）。

　図をみると，筋線維は筋内膜で覆われ保護されている。筋線維は多数束ねられ，これを筋周膜が覆っているのがわかる。筋周膜で覆われた筋線維は束ねられ，さらに筋上膜によって被覆されている。筋上膜は淡いクリーム状を呈した弾力性のあるかたい組織である。

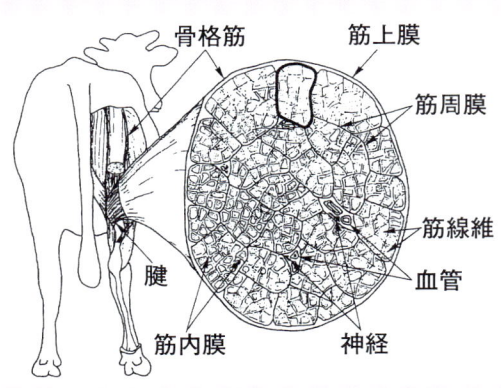

図Ⅰ－2－5　牛の骨格筋の模式図

出典）伊藤　良：動物資源利用学（伊藤敞敏ほか編），p.159，文永堂出版（1998）

この筋上膜が覆う食肉は、枝肉を切り落とす際、ひとつの部位となる。筋内膜、筋周膜、筋上膜はいずれも結合組織からなる。

と殺直後の牛骨格筋の筋線維と筋線維をとり囲む筋内膜、さらに筋内膜を束ねた筋周膜の電子顕微鏡写真を示した（図Ⅰ-2-6）。と畜により硬直した畜肉は、牛で10日、豚で5日、鶏では0.5日低温で貯蔵するとやわらかくなる。これを解硬（熟成）という。畜肉の中では、牛がもっともやわらかくなりにくい。牛の場合、低温で10日間ほど熟成された後、食肉となり市販される。熟成した食肉の筋線維、筋内膜、筋周膜の変化を図Ⅰ-2-7に示した。牛をと殺し熟成すると、筋内膜や筋周膜の結合組織のコラーゲン線維がバラバラになった様子がわかる。

熟成は食肉をおいしく、やわらかくする効果をもっている。

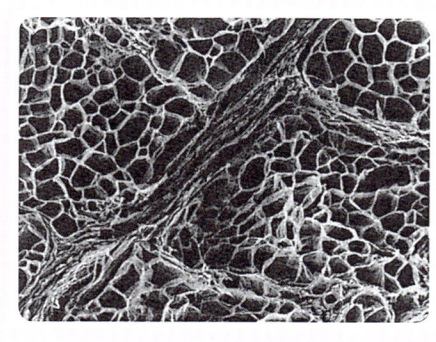

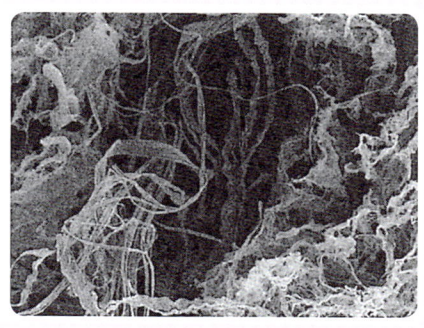

図Ⅰ-2-6　と殺直後の骨格筋の筋内膜と筋周膜

図Ⅰ-2-7　熟成後の骨格筋の筋内膜と筋周膜

出典）西邑隆徳（伊藤敞敏ほか編：動物資源利用学，p.185，文永堂出版（1998）に収載）

●参考文献●

- 岸　恭一・木戸康博：タンパク質・アミノ酸の新栄養学，講談社（2007）
- 久保木芳徳・畑隆一郎・吉里勝利：次世代タンパク質コラーゲン，ブルーバックス（1986）
- 伊藤敏敏・渡邊幹二・伊藤　良：動物資源利用学，文英堂（1998）
- 藤本大三郎：コラーゲンの秘密に迫る，裳華房（1998）
- 吉川敏一・辻　智子：機能性食品ガイド，講談社（2004）

# 第 3 章

# コラーゲンの代謝

## 3.1 コラーゲンの代謝

### 1 コラーゲンの生合成

　たんぱく質はアミノ酸がおよそ 100 個以上ペプチド結合で結びついたポリペプチドであるが，からだの中のすべてのたんぱく質は絶えず生合成と分解を繰り返しており，これをたんぱく質の代謝回転という。コラーゲンもたんぱく質のひとつであるから，体内では断えず代謝回転が起きている。

> 生合成：アミノ酸が，遺伝子の情報に基づいて決められた順序に従い，細胞の中で結合することにより行われる。
> 分　解：たんぱく質を構成するアミノ酸のペプチド結合を切断し，小さなペプチド断片にし，それをさらにアミノ酸にまで分解する。この分解作用には生体内の酵素がかかわる。

　コラーゲンを構成するアミノ酸の種類と割合は，ほかのたんぱく質とはかなり異なっており，全体の 1/3 をグリシンが占め，プロリン，アラニン，ヒドロキシプロリンといったアミノ酸も多い（第 I

編第1章 p.5 参照)。コラーゲンの生合成では，これらのアミノ酸を正しい順序で結合する必要がある。また，原料としてこれらすべてのアミノ酸が必要であるが，中でもグリシン，プロリン，アラニンといったアミノ酸は多く必要になる。

## 2 ヒドロキシプロリンの生合成

食べたコラーゲン・ゼラチンは消化・吸収され，グリシン，プロリン，アラニンをはじめとする多くのアミノ酸が血液中に増加する。それらのアミノ酸の一部は，からだのコラーゲンを生合成するための原料として利用されうる。

一方ヒドロキシプロリンは，プロリンに水酸基（-OH基）が1個結合したアミノ酸で（図Ⅰ-3-1），コラーゲンに特徴的なアミノ酸である。ヒドロキシプロリンは，コラーゲンが生合されるときには最初プロリンとしてコラーゲンにとり込まれ，その後プロリルヒドロキシラーゼという酵素の作用を受けてヒドロキシプロリンに変化する。ヒドロキシプロリンもコラーゲン・ゼラチンの消化・吸収で血液中に増加するが，直接コラーゲンの原料としてとり込まれることはない。

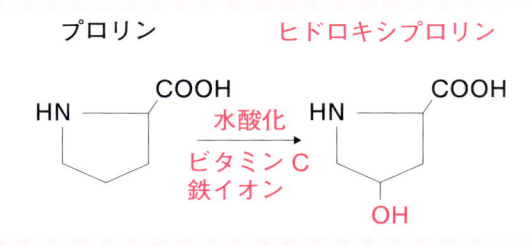

図Ⅰ-3-1　プロリンとヒドロキシプロリンの構造式

> ### コラーゲンとビタミンC・鉄イオン
>
> 　コラーゲンの生合成にはビタミンCが必要だといわれている。それはなぜだろうか？　ヒドロキシプロリンはコラーゲンに特徴的なアミノ酸で、プロリンがプロリルヒドロキシラーゼという酵素によって修飾を受けてできる。この酵素が働くためには、ビタミンCや鉄イオンが必要なのである。ヒドロキシプロリンはコラーゲンが体内で安定に維持されるために必要なので、ビタミンCや鉄イオンが不足するとコラーゲンが不安定になって病気になる。出血しやすくなる壊血病は、ビタミンCが欠乏して正常なコラーゲンが生合成されず、血管がもろくなることが原因で起きる。

## 3 三重らせん構造の形成

　Ⅰ型コラーゲンは2本のα1鎖と1本のα2鎖からなる。これら3本の鎖はいずれもそのN末端にNテロペプチドがあり、さらにその外側にNプロペプチドと呼ばれる部分がある。C末端には同様に、CテロペプチドとCプロペプチドがある。Nプロペプチド、Nテロペプチド、三重らせん部分（ここが大部分を占める）、Cテロペプチド、Cプロペプチドの順に並んでいる。3本のα鎖はCプロペプチドにあるSH基同士が結合したジスルフィド結合で連結されて三重らせん構造が形成され、プロコラーゲン（コラーゲンの前駆体）として細胞外へ分泌される（図Ⅰ-3-2）。

## 4 コラーゲン線維の形成

　分泌されたコラーゲンは、細胞外で、N末端とC末端のプロペプチドがそれぞれ特異的な酵素によって切断されたのちに多数集合して線維を形成する。コラーゲン分子同士は架橋（橋掛け構造）で

結合され，線維が安定化する（図Ⅰ-3-3）。

細胞

核

α鎖の合成とプロリンの
水酸化（◆）

小胞体

三重らせんの形成
（プロコラーゲン）

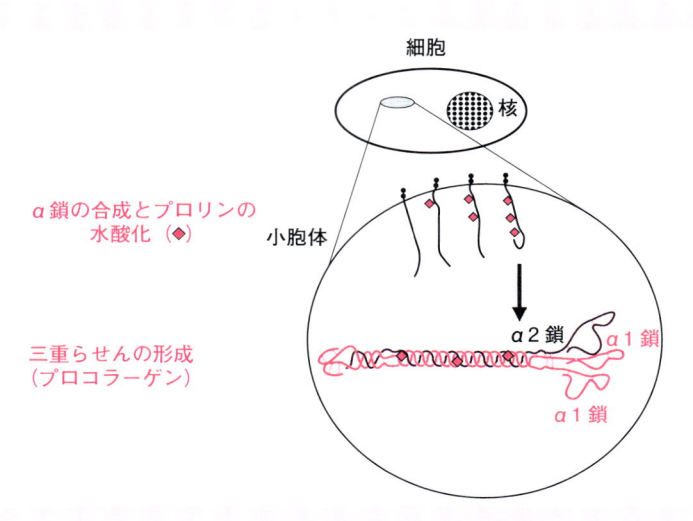

α2鎖　α1鎖

α1鎖

**図Ⅰ-3-2　三重らせん構造の形成**

細胞

細胞外への分泌

酵素　酵素

プロペプチドの切断

◆――▶ プロペプチド
◆―▶ テロペプチド

三重らせん部分

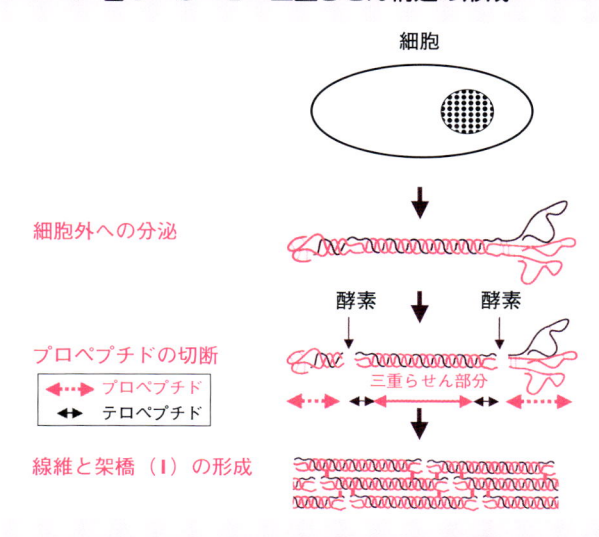

線維と架橋（I）の形成

**図Ⅰ-3-3　コラーゲン線維の形成**

## 5 コラーゲンの分解

　コラーゲンの三重らせん構造は，たんぱく質を分解する多くの酵素に対して抵抗性を示すために簡単には分解されない。しかし，三重らせん構造のコラーゲンを分解できる酵素も体内には存在する。この酵素をコラゲナーゼといい，体内では通常非活性型として存在しているが，コラーゲンを分解するときには活性型に変化する。

　コラゲナーゼは，三重らせん部分の1か所だけを切断する。切断されて2つに分かれたコラーゲン断片は熱に不安定となり，体温でも三重らせん構造が崩れてくる（これをゼラチン化という）。三重らせん構造が崩れたコラーゲン断片は，多くのたんぱく質分解酵素に対して感受性となり，ゼラチナーゼ（MMP-2やMMP-9）などの酵素によってさらに細かく分解されていく（図Ⅰ-3-4）。

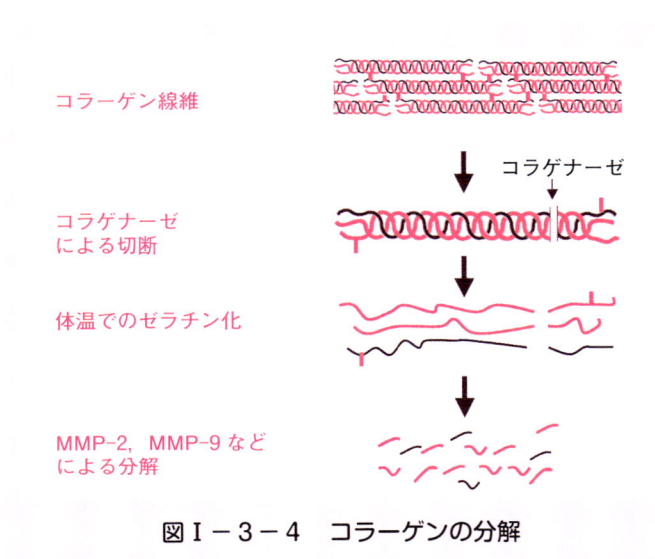

図Ⅰ-3-4　コラーゲンの分解

## 6 コラーゲンの代謝回転

ヒトの体内たんぱく質は常に分解され、その一方で新たに生合成されている。食品たんぱく質に由来するアミノ酸は、体たんぱく質が分解されたアミノ酸と一緒にアミノ酸プールを形成し、体たんぱく質はアミノ酸プールのアミノ酸を使って合成される。分解された体たんぱく質に相当する量が新たに生合成され、一方食品から摂取されたたんぱく質に相当する量が尿や糞から排泄される。

ヒトのからだの全たんぱく質は体重の約20％であるが、その約1/3はコラーゲンである。骨でコラーゲンが成熟するとき、骨に比較的特異的なコラーゲンの架橋であるピリジノリンが増加する。ピリジノリンは尿中にも検出されることから、骨も一定の速度で分解されていることがわかる。コラーゲンは代謝回転の遅いたんぱく質であるが、分解量に相当する量が新たに生合成されている。

## 3.2 コラーゲンの消化と吸収

たんぱく質は消化酵素で消化され、基本的にアミノ酸として吸収される（図Ⅰ-3-5左）。コラーゲンも同様に消化・吸収されるので、グリシンをはじめとするアミノ酸が血液中に増加する。しかしコラーゲンの場合はほかのたんぱく質と違って、分解が途中で止まった小さな断片が血液中に多く現れることがわかっている（図Ⅰ-3-5右）。

図Ⅰ-3-6は、ゼラチンを摂取したとき、血液と尿の中に現れたヒドロキシプロリンの濃度を示している。ヒドロキシプロリンはほかのアミノ酸と結合していない状態まで分解されたもの（遊離

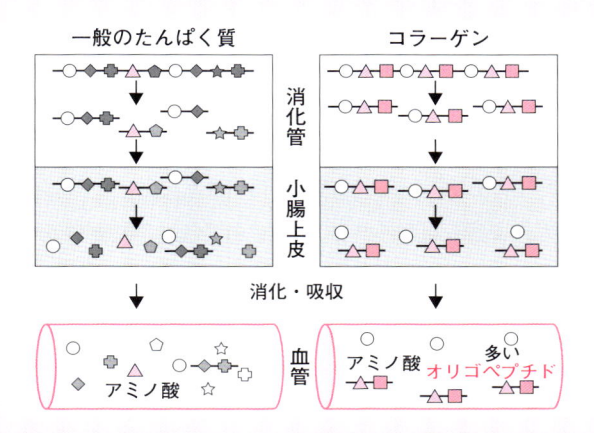

図Ⅰ-3-5　たんぱく質の消化・吸収
　　　　　（一般のたんぱく質とコラーゲンの比較）

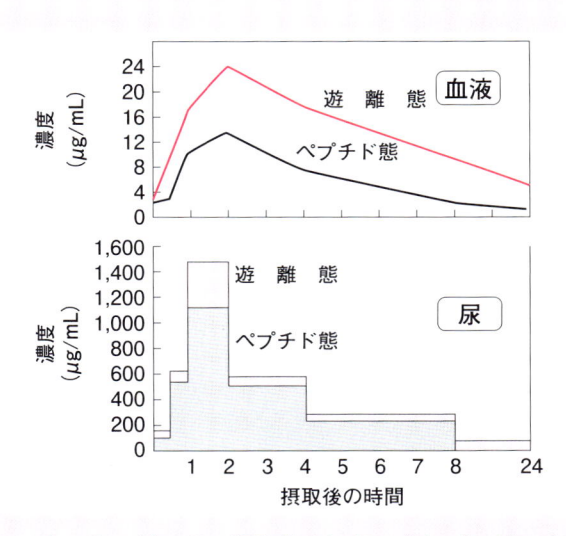

図Ⅰ-3-6　ゼラチン摂取後のヒドロキシプロリンの変化
資料）Prockop, D. J., *et al.*：*Lancet*, **2**：527（1962）より改変

態）以外に，まだほかのアミノ酸と結合した状態のもの（ペプチド態）も多く現れてくる。同様の結果は，健康補助食品等に使われているコラーゲンペプチドでも確認されている。このような現象は，コラーゲンがプロリンやヒドロキシプロリンを多く含むためであり，一般的なたんぱく質では起き得ない。

　このペプチド態のヒドロキシプロリンは，栄養成分として独自な作用があることが明らかになってきており，これについては第Ⅰ編第4章で述べる。

●参考文献●
- Fujimoto, D., et al.：Analysis of pyridinoline, a cross-linking compound of collagen fibers, in human urine, *J. Biochem.*, **94**：1133〜1136（1983）
- Prockop, D. J., et al.：Gastrointestinal absorption and renal excreation of hydroxyproline peptides, *Lancet*, **2**(7255)：527〜528（1962）
- Iwai, K., et al.：Identification of food-derived collagen peptides in human blood after oral ingestion of gelatin hydrolysates, *J. Agric. Food Chem.*, **53**：6531〜6536（2005）

# 第4章

# コラーゲンの栄養

　コラーゲンは，からだの中では線維を形成しており，水には非常に溶けにくい。しかしコラーゲンを多く含む皮や骨を熱水で処理すると，コラーゲンが熱で変性して部分的に分解され，ゼラチンとして溶け出してくる（第Ⅰ編第6章）。

　ゼラチンは，ゼリーなどの材料として古くから食品に利用されてきた。ゼラチンを摂取するとからだによい作用があることは古くから知られており，12世紀にはSt. Hildegardが関節の痛みが軽減すると報告している[1]。さらに近年，ゼラチンをたんぱく質分解酵素で部分的に分解して小さくしたコラーゲンペプチドが食品素材として広く利用されており，「コラーゲンを食べる」ことへの関心が高まっている（図Ⅰ-4-1）。

　一般的にコラーゲン・ゼラチン・コラーゲンペプチドは，いずれも「コラーゲン」と呼ばれることが多い。第4章では，「コラーゲン」を摂取することの効果と，からだへの効果が現れる仕組みについて述べる。

　ゼラチンやコラーゲンペプチドを摂取したとき，どのような作用があるかについては数多くの研究が報告されているが，ここでは骨と関節，皮膚（肌），および皮膚付属器である爪に対する研究結果を紹介し，さらに現時点で想定されているその作用メカニズムにつ

熱変性　　　酵素分解

コラーゲン → ゼラチン → コラーゲンペプチド

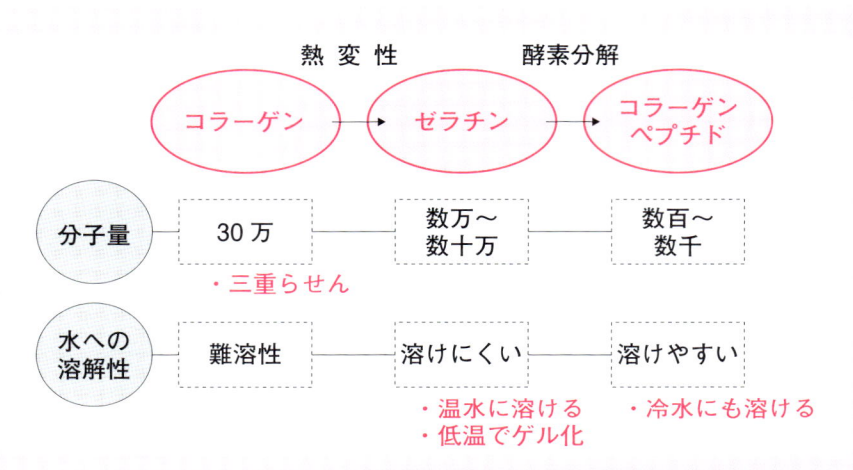

分子量
- 30万
- 数万〜数十万
- 数百〜数千

・三重らせん

水への溶解性
- 難溶性
- 溶けにくい
- 溶けやすい

・温水に溶ける
・低温でゲル化

・冷水にも溶ける

図Ⅰ-4-1　コラーゲン・ゼラチンとコラーゲンペプチドの関係

いてまとめる。

## 4.1 コラーゲンと骨・関節の老化防止

　骨は，コラーゲン線維の間にリン酸カルシウムを主成分とする無機成分が沈着して形成される。一般に骨にはカルシウムが重要だと強調されることが多いが，骨形成が正常に進行するためには，骨の乾燥重量の約20％を占めるコラーゲン線維が正常に形成されていることが必要である。

　骨の機械的な強度に関係する骨密度（体積あたりの無機成分の量）は加齢に伴って低下する。特に女性では，閉経後の女性ホルモン減少によって骨密度が低下しやすいため，骨折による寝たきりの原因のひとつとなっている。

第4章 コラーゲンの栄養

　骨密度は，食事に含まれるたんぱく質の量が不足すると低下する。飢餓や手術後で食事がとれない低たんぱく状態がこれにあたり，加齢のモデルともされている。

　マウスの餌のたんぱく質を通常の'14％カゼイン'から'10％カゼイン'に減らして飼育すると骨密度が低下するが，このときカゼインの一部をゼラチンに置き換えると，カゼインのみの場合と比べて骨密度が有意に高くなる[2]（図Ⅰ-4-2）。ゼラチンやコラーゲンペプチドの摂取によって骨の機能が改善されることは，ラットを用いた研究でも確認されている[3),4)]。

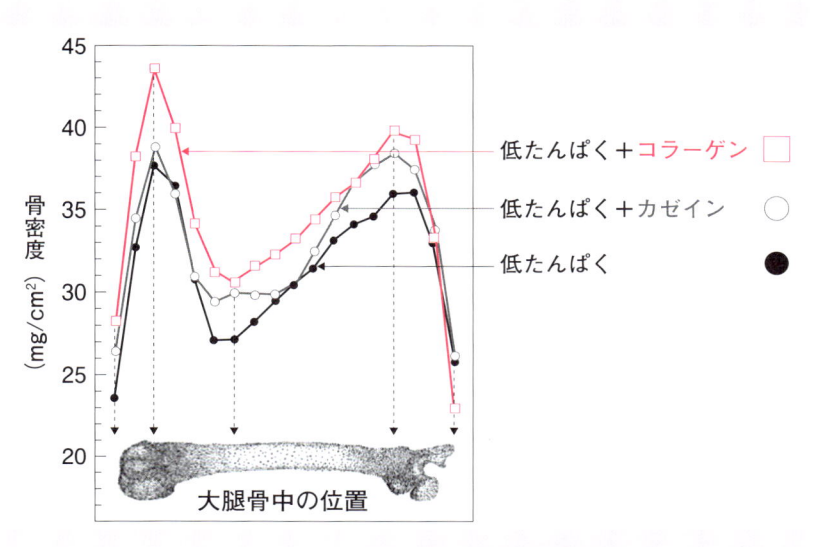

　関節に痛みを伴う炎症が起きる関節痛は，加齢や運動などによって引き起こされる。Clarkらは，激しい運動によってアスリートに起きた関節痛が，1日10g，24週間のコラーゲンペプチド摂取に

図Ⅰ-4-2　餌の種類と骨密度の関係

資料）Koyama, Y., et al.: J. Nutr. Sci. Vitaminol., 47, 84〜86 (2001) より作図

膝関節痛（安静時）

安静時の痛みの改善度

プラセボ 0.86
コラーゲンペプチド ＊ 1.67

膝関節痛（歩行時）

歩行時の痛みの改善度

プラセボ 0.54
コラーゲンペプチド ＊ 1.38

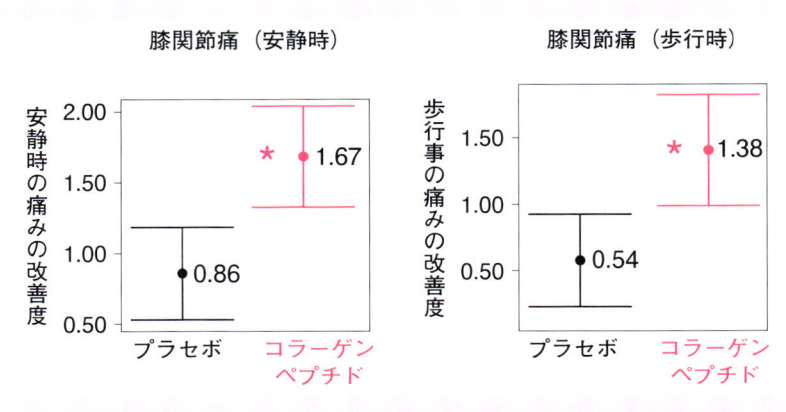

**図Ⅰ-4-3 コラーゲンペプチド摂取による関節痛の軽減**

資料）Clark, K. L. *et al.*：*Curr. Med. Res. Opin.*, **24**：1493（2008）より改変
図の説明：痛みの程度をVAS（visual analogue scale）法で評価した結果を示す。縦軸は痛みの減少程度を示すので、数値が大きいほど痛みが改善したことを意味する。プラセボはコラーゲンペプチドを含まないドリンクのこと。

よって有意に低下することを報告している[5]（図Ⅰ-4-3）。

## 4.2 コラーゲンと皮膚（肌）の美容

　皮膚は体内でもっとも大きな重量をもつ器官であり、総面積は$1.8 m^2$ほどにもなる。皮膚は外側にある表皮と、その内部に位置する真皮、さらにその下にある皮下組織からなっている。表皮と真皮の間は基底膜で区切られている。表皮は外部からの異物の侵入を防ぐと同時に体内から水分が失われるのを防いでおり、私たちが陸上で生活するためにはこの表皮のバリア機能が必須である。

　皮膚も骨と同様にコラーゲンの多い組織である。皮膚の乾燥重量

## 第4章 コラーゲンの栄養

の約70％はコラーゲンであり，その大部分は線維として真皮に分布している。表皮にはコラーゲンが分布していないが，表皮の機能は真皮の正常な働きによって支えられている。皮膚は美容のために重要であり，コラーゲン摂取の皮膚（肌）への効果は重要な課題となっている。

松田らは，豚に0.2 g/kgのコラーゲンペプチドを62日間与えると，対照としてラクトアルブミンを与えた場合よりも，真皮の線維芽細胞（コラーゲンを合成する細胞）の数と，コラーゲン線維の直径および密度が有意に増加することを報告した[6]。

また田中らは，遺伝的に毛のないマウスの背中の皮膚に紫外線UVBを6週間にわたって繰り返し照射しながら，コラーゲンペプチドを毎日経口摂取させると，紫外線照射による皮膚障害，すなわち角層の水分量低下（乾燥）（図Ⅰ-4-4），表皮の肥厚（図Ⅰ-4-5）と真皮コラーゲンの減少（図Ⅰ-4-6）が有意に抑制されることを報告した[7]。

2009年に大原らは，乾燥などによる肌荒れを自覚している25〜

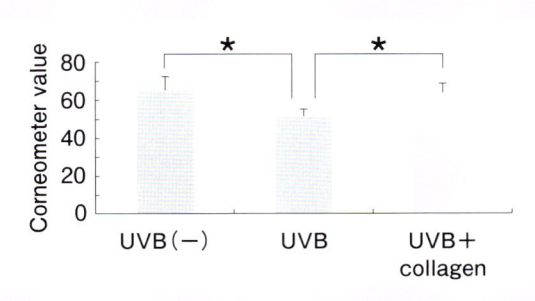

**図Ⅰ-4-4　紫外線による皮膚障害の抑制作用—角層の水分量—**

資料）Tanaka, M., et al.：*Biosci. Biotechnol. Biochem.*, **73**：930〜932（2009）より改変

UVB(−)　表皮の肥厚

UVB　　　UVB+collagen

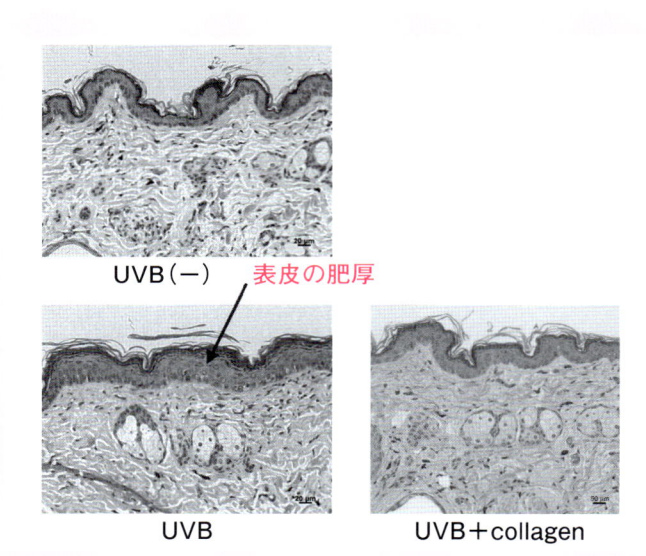

**図Ⅰ-4-5　紫外線による皮膚障害の抑制作用―表皮の過形成―**

資料）Tanaka, M., *et al.*：*Biosci. Biotechnol. Biochem.*, **73**：930～932（2009）より改変

Ⅰ型コラーゲン

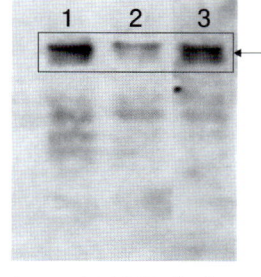

| 群 | 相対値 |
|---|---|
| UVB（−） | 100 |
| UVB | 47 |
| UVB+collagen | 117 |

lanes 1：UVB（−）
　　　2：UVB
　　　3：UVB+collagen

**図Ⅰ-4-6　紫外線による皮膚障害の抑制作用―真皮のコラーゲン量―**

資料）Tanaka, M., *et al.*：*Biosci. Biotechnol. Biochem.*, **73**：930～932（2009）より改変

45歳までの健康な女性に，4週間にわたって1日あたり2.5g，5gまたは10gのコラーゲンペプチドを摂取させ，コラーゲンペプチドを摂取しないグループと二重盲検法で比較した。その結果，30歳以上の女性では5g以上の摂取で角層の水分量が有意に増加したと報告している[8]。

また健康な女性が1日あたり5gまたは10gのコラーゲンペプチドを摂取すると，試験前と比較して肌の状態が改善したと自覚する割合が，3週間目のコラーゲンを摂取しないグループ（対照群）では10%に留まったのに対して，コラーゲン5gのグループでは41%，10gのグループでは62%と有意に高かったことが二重盲検法による試験で報告されている。さらに摂取7週間目では，対照群で20%であったのに対して，5gのグループでは81%，10gのグループでは74%の女性が肌の改善を自覚していた[9]（図Ⅰ-4-7）。

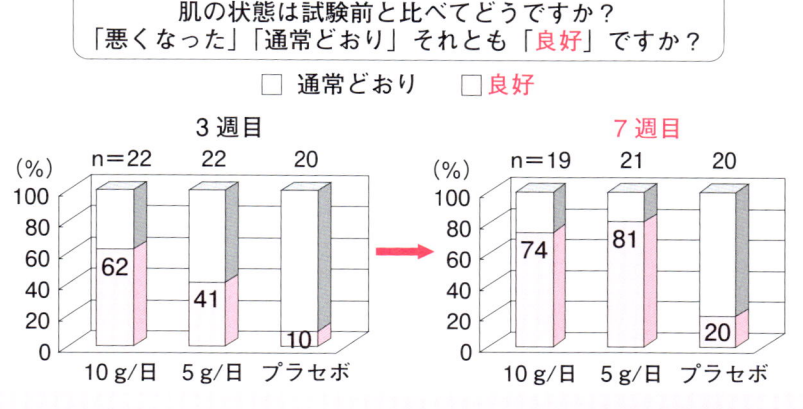

図Ⅰ-4-7 コラーゲンペプチド摂取による肌状態改善の体感率
資料）小山洋一：食品と開発，44：10～12（2009）より改変

## 4.3 コラーゲンともろい爪

爪は毛髪と同様に美容上重要な部位である。爪は線維性たんぱく質で硬たんぱく質のケラチンを主成分とする細胞でできている。爪は表皮と同じくコラーゲンを含まないが、1日7gのゼラチンを摂取することで、もろい爪が50例中43例で改善されたと報告されている[10]（図Ⅰ-4-8）。

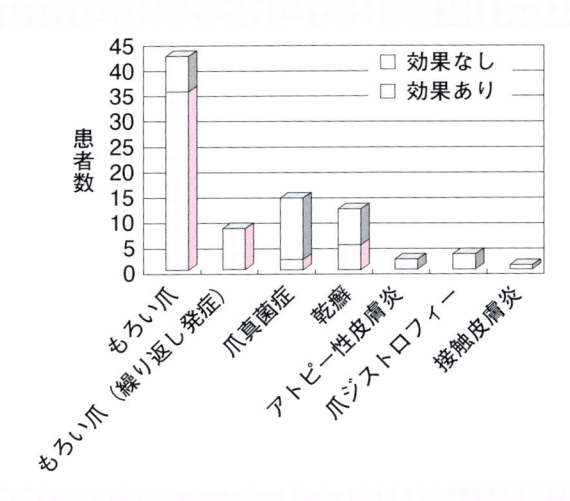

図Ⅰ-4-8　ゼラチン摂取によるもろい爪の改善
資料）Rosenberg, et al.: AMA Arch. Derm., **76**：330〜335（1957）より作図

> **topics!　体内時計と時間栄養学**
>
> 　私たちのからだには，約25時間周期の概日リズムがあり，肌のターンオーバや骨の吸収・形成などの現象も概日リズムに従っている。その中枢時計遺伝子は脳にあるが，じつは肝臓などの臓器にも時計遺伝子があり，末梢時計遺伝子と呼ばれている。中枢時計遺伝子は朝の光によって周期が補正されるが，末梢時計遺伝子は朝食によって補正されるので，毎朝決まった時間に朝食をとることは，健康維持に重要な意味をもっている。体内時計と栄養の関係を研究する分野は「時間栄養学」と呼ばれ，新たな研究分野として注目されている。

## 4.4　食事由来のコラーゲンがからだに作用する仕組み

　ゼラチンやコラーゲンペプチドを摂取したときには，一般のたんぱく質と異なり，アミノ酸まで分解されない消化産物であるペプチド態が血液中に多く現れることは第Ⅰ編第3章で述べた。このペプチド態が，どのようなアミノ酸の並び方をしたペプチドであるかは長い間不明であったが，2005年に，少なくとも6種類の小さなペプチド（オリゴペプチド）を含むことと，その中でも特に量が多いのはプロリン（Pro）とヒドロキシプロリン（Hyp）が1個ずつ結合したもの（Pro-Hypと略す）であることがはじめて報告された[11]。

　コラーゲンの三重らせん部分は［Gly-X-Y］n（Glyはグリシン，XとYは任意のアミノ酸）で表されるアミノ酸3個の繰り返し構造をしており，Xの位置にはプロリンが，Yにはヒドロキシプロリンが

くることが多い。その結果，プロリンとヒドロキシプロリンが並んだ配列（Pro-Hyp）が頻繁に出現する。プロリンやヒドロキシプロリンを含むペプチドは，私たちの消化酵素で分解されにくい性質をもっているため，Pro-Hyp が多く切れ残って血液中に現れるものと考えられる（図Ⅰ-4-9）。

Pro-Hyp は，からだに対して特徴的な作用を示すことが最近の研究で明らかになってきた。皮膚の小片を無菌的に培養すると，その切り口から真皮の細胞が外に出てくる。この現象は，皮膚に切り傷がついたときの反応と同じだと考えられる。このとき培養した皮膚小片を Pro-Hyp で処理すると，外に出てくる細胞の数が有意に多くなり，さらにコラーゲン線維の上でこの細胞を培養すると

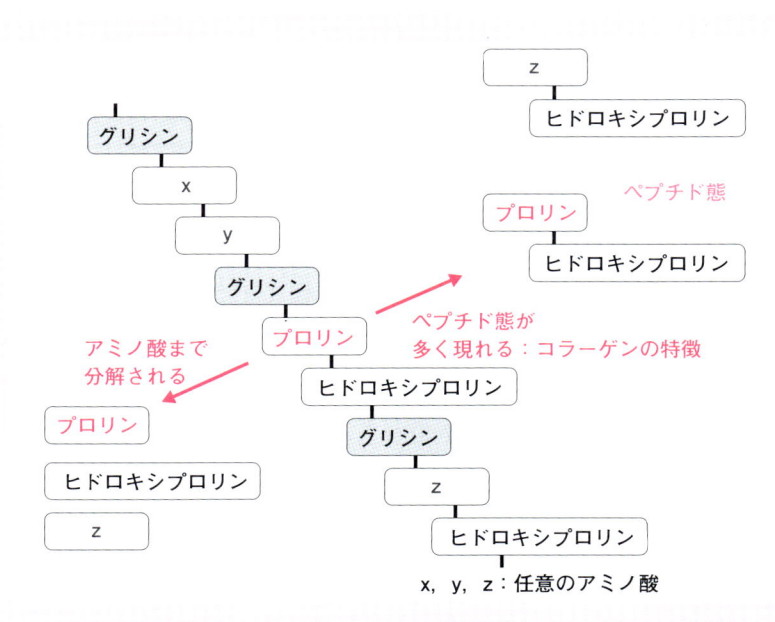

図Ⅰ-4-9　コラーゲンのアミノ酸配列と Pro-Hyp の関係

Pro-Hyp によって増殖が有意に促進されることが 2009 年に報告された[12]。おなじく 2009 年に，マウスに Pro-Hyp を摂取させることによって，人為的に誘導された関節の障害が低減することや，培養した軟骨細胞によるグリコサミノグリカンの合成が促進されることが報告された[13]。

これらの報告は，Pro-Hyp のようなオリゴペプチドが，コラーゲンペプチドやゼラチンに特異的な仕組みとして機能していることを示している。

図Ⅰ-4-10 コラーゲンの作用機構

一方，コラーゲンペプチドを構成するアミノ酸の1/3はグリシンであるが，グリシンにはさまざまな生理活性があることが知られている。例えば，カルシウムの吸収を促進する[14]，腫瘍の増殖と血管新生を抑制する[15]などの報告があり，コラーゲンペプチドの効果の一部がグリシンによるものである可能性も考えられる。

　このように，経口的に摂取されたコラーゲンが果たしている栄養成分としての役割と，その働く仕組みが明らかになろうとしている。それは，食材の成分としてコラーゲンが本来もっていた機能を明らかにするであろう。この分野の研究ははじまったばかりであるが，新たな研究分野として今後の進展が期待される。

## topics! コラーゲンペプチドの作用メカニズム
（図Ⅰ-4-10）

　摂取されたコラーゲンペプチドの一部はグリシン（Gly），プロリン（Pro）などのアミノ酸まで分解され，コラーゲン合成の原料として，またそれ自体が活性因子としてコラーゲン合成やその他の反応を誘導すると考えられる。しかしヒドロキシプロリンはコラーゲン合成の原料としてとり込まれることはない。

　一方コラーゲンペプチドの一部はオリゴペプチドとして体内にとり込まれ，皮膚，軟骨，骨などの細胞を刺激することによってコラーゲン合成やその他の生体反応を誘導すると考えられる。

## topics! コラーゲンとアミノ酸スコア

　コラーゲンには必須アミノ酸であるトリプトファンが含まれていないため、アミノ酸スコアはゼロとなる。そのため、たんぱく質としてコラーゲンだけを含む餌で動物を飼育すると、動物は生きていくことができない。しかし、たんぱく質としてコラーゲンだけしか摂取しないことは私たちの生活ではありえず、通常ほかのたんぱく質と組み合わせて摂取するので栄養的な問題は発生しない。また必須アミノ酸を含まないことは、単純にコラーゲンの食品成分としての価値が低いことを意味するものではない。それは、必須アミノ酸なしでは動物は生存できないが、非必須アミノ酸も必要であることと同じである。むしろ前述のように、コラーゲンには、ほかのたんぱく質とは異なる独自の栄養的な役割があることが明らかになっている。

### ●参考文献●

1) The Nutritional therapy of St. Hildegard : recipes, cures and diet. 3$^{rd}$ ed. ISBN 3-7626-0383-9. Greiburg, Germany, Verlag Hermann Bauer KG.

2) Koyama, Y., *et al.* : Ingestion of gelatin has differential effect on bone mineral density and body weight in protein undernutrition, *J. Nutr. Sci. Vitaminol.*, **47** : 84〜86 (2001)

3) Nomura, Y., *et al.* : Increase in bone mineral density through oral administration of shark gelatin to ovariectomized rats, *Nutrition.*, **21** : 1120〜1126 (2005)

4) Wu, J., *et al.* : Assessment of effectiveness of oral administration of

collagen peptide on bone metabolism in growing and mature rats, *J. Bone Miner. Metab.*, **22**：547〜553（2004）

5）Clark K. L., *et al.*：24-Week study on the use of collagen hydrolysate as a dietary supplement in athletes with activity related joint pain, *Curr. Med. Res. Opin.*, **24**：1485〜1496（2008）

6）Matsuda, N., *et al.*：Effects of ingestion of collagen peptide on collagen fibrils and glycosaminoglycans in the dermis, *J. Nutr. Sci. Vitaminol.*, **52**：211〜215（2006）

7）Tanaka, M., *et al.*：Effects of collagen peptide ingestion on UV-B-induced skin damage, *Biosci. Biotechnol. Biochem.*, **73**：930〜932（2009）

8）大原浩樹ほか：コラーゲンペプチド経口摂取による皮膚角層水分量の改善効果，日本食品化学工学会誌，**56**：137〜145（2009）

9）小山洋一：コラーゲンの肌への作用・最新研究，食品と開発，**44**：10〜12（2009）

10）Rosenberg, S., *et al.*：Further Studies in the Use of Gelatin in the Treatment of Brittle Nails, *AMA Arch. Dermatol.*, **76**：330〜335（1957）

11）Iwai, K., *et al.*：Identification of food-derived collagen peptides in human blood after oral ingestion of gelatin hydrolysates, *J. Agric. Food Chem.*, **53**：6531〜6536（2005）

12）Shigemura, Y., *et al.*：Effect of prolyl-hydroxyproline（Pro-Hyp）, a food-derived collagen peptide in human blood, on growth of fibroblasts from mouse skin, *J. Agric. Food Chem.*, **57**：444〜449（2009）

13）Nakatani, S., *et al.*：Chondroprotective effect of the bioactive peptide prolyl-hydroxyproline in mouse articular cartilage in vitro and in vivo, *Osteoarth. Cartilage.*, **17**：1620〜1627（2009）

14）森　昭胤：Caの腸管内吸収に就いて（第二報），Caの腸管内吸収に及ぼすアミノ酸，糖，脂肪酸及び有機酸の影響に就いて，生化学，**26**：656〜660（1955）

15）Rose, M. L., *et al.*：Dietary glycine inhibits the growth of B16 melanoma tumors in mice, *Carcinogenesis*, **20**：793〜798（1999）

# 第5章

# コラーゲンの抽出

　コラーゲンはからだの中でもっとも量の多いたんぱく質である。生体内では，鉄筋コンクリートの鉄筋のように生体の機械的強度を保つだけでなく，細胞が生きて活動するために必須な足場ともなる。コラーゲンは生体中では線維を形成しているため，コラーゲンを研究用に，あるいは料理で利用するためには抽出という作業が重要になる。

　動物の組織から三重らせん構造を保ったコラーゲン（これを未変性コラーゲンという）を抽出するには，中性塩，酸，酵素およびアルカリによる方法がある（表Ⅰ-5-1）。またコラーゲンを化学的あるいは物理的に変性させ，変性コラーゲンとして抽出する方法もあり，市販ゼラチンの製法はこれにあたる。

表Ⅰ-5-1　未変性および変性コラーゲンの抽出法

| 抽 出 法 | 中 性 塩 | 酸 | 酵　素 | アルカリ | 加熱変性 |
|---|---|---|---|---|---|
| テロペプチド | あり | あり | なし | なし | 部分分解 |
| 三重らせん構造 | あり | あり | あり | あり | なし |

## 5.1 未変性コラーゲンの抽出

コラーゲンは全身のほとんどの組織に含まれているが，骨や腱では大部分がⅠ型コラーゲンである。それに対して皮膚の真皮では，Ⅰ型コラーゲン以外にⅢ型・Ⅴ型・Ⅵ型コラーゲンなどが含まれる。

ここでは，研究用によく使用される牛皮からのコラーゲン抽出について述べる。

### 1 中性の塩溶液による抽出

中性塩溶液（0.45 M あるいは 1.0 M NaCl）でコラーゲンを抽出する。コラーゲンの分子内および分子間架橋のほとんどない未変性コラーゲンが抽出される。抽出率は胎児牛皮で 3％程度，新生児で 0.5％以下である。得られる抽出コラーゲンは中性塩抽出コラーゲンと呼ばれ，α鎖（α1鎖，α2鎖）とβ鎖（α1鎖2本，またはα1鎖とα2鎖が結合したもの）を含む。

### 2 酸溶液による抽出

酢酸や塩酸等によって，コラーゲン分子間の架橋の一部を切断して抽出する。抽出率は牛の年齢によって異なるが，新生児牛皮で 50％程度で，18か月齢牛皮で 10％以下である。ここで得られる抽出コラーゲンは酸抽出コラーゲンと呼ばれ，α鎖とβ鎖を含む。

### 3 酵素による抽出

中性塩溶液および酸溶液で抽出操作を行った後の残渣を一般に不溶性コラーゲンと呼ぶ。コラーゲンの三重らせん構造は通常のたん

ぱく質分解酵素では分解されにくいが，ペプシン等の酵素によって不溶性コラーゲンを処理すると，コラーゲンのテロペプチドが切断される。酵素でテロペプチドを切断するので，この部分に架橋が形成されたコラーゲンも抽出できる。しかし抽出されたコラーゲンはテロペプチドが失われるため，中性塩抽出コラーゲンおよび酸抽出コラーゲンよりも分子量が小さくなる。抽出率は18か月齢牛皮で90％程度となる。

## 4 アルカリ溶液による抽出

水酸化ナトリウムなどのアルカリで処理することにより，コラーゲンの架橋を切断して抽出する。例えば3％水酸化ナトリウム/1.9％モノメチルアミン溶液で組織を処理すると，三重らせん構造を保った未変性コラーゲンを抽出できる。抽出率はほぼ100％である。

## 5 牛の年齢とコラーゲンの抽出率

上でも述べたが，コラーゲンの抽出率は牛の年齢によって異なる。異なる年齢の牛の皮（胎児，新生児，3か月齢，18か月齢および8年齢）で，酸・酵素・アルカリを用いた方法によりコラーゲンの抽出を比較した結果を図Ⅰ−5−1に示す。

### ●酸抽出法

胎児および新生児真皮コラーゲンの50％が抽出されたが，3か月齢以上では抽出率が減少した。3か月齢では16％，18か月齢および8年齢では5％以下であった。

### ●酵素抽出法

ペプシンおよびプロクターゼを用いた酵素処理では，18か月齢以下の牛皮においてはいずれも組織中のほぼ全コラーゲンが抽出さ

れ，8年齢においてはペプシン処理で10%，プロクターゼ処理で42%のコラーゲンが抽出された。

● **アルカリ抽出法**

18か月齢以下の牛皮においてはいずれも組織中のほぼ全コラーゲンが抽出され，酸・酵素ではほとんど抽出されない8年齢においても82%のコラーゲンが抽出された。

このように，加齢に伴ってコラーゲンの抽出率が減少する。可溶化の程度には，コラーゲン分子間の架橋形成の違いが影響していると考えられる。

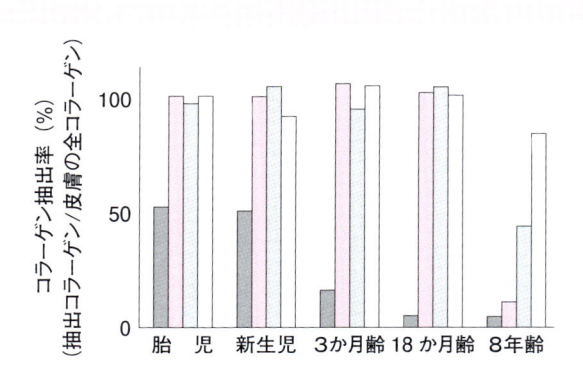

■：酸抽出コラーゲン（50 mM 酢酸，4℃）
□：ペプシン抽出コラーゲン（0.2%ペプシン/0.5 M 酢酸，4℃）
□：プロクターゼ抽出コラーゲン（0.2%プロクターゼ/0.1 M 酒石酸バッファー，20℃）
□：アルカリ抽出コラーゲン（3%水酸化ナトリウム/1.9%モノメチルアミン，20℃）

**図Ⅰ-5-1　加齢によるコラーゲン抽出率の変化**

出典）蝦原哲也ほか：*Connect. Tissue*, 31：17〜23（1999）

## 5.2 牛アキレス腱からの抽出

牛アキレス腱はコラーゲンを豊富に含み、牛すじとしておでん種やカレーの具などとして食されている。しかし料理するためには長時間煮込む必要があり、手間のかかる食材である。

ここでは牛アキレス腱を材料として、動物性消化酵素であるペプシンと、植物性酵素であるアクチニダインによる抽出を試みた結果をまとめる。

### 1 動物性酵素による抽出

ペプシンは酸性の条件（pH 1～2）でたんぱく質を分解する動物性消化酵素であるが、胃液に存在するので、食品に含まれるコラーゲンは胃でペプシンによる消化を受けると考えられる。そこで、牛アキレス腱のコラーゲンをペプシンで抽出した。

本法では、食用牛のアキレス腱に酢酸溶液（pH 3.0 以下）を加え、4℃で酵素処理してコラーゲンを抽出した。抽出したコラーゲンを精製して電気泳動すると、Ⅰ型コラーゲンの$\alpha 1$鎖、$\alpha 2$鎖、$\beta 11$鎖、$\beta 12$鎖、$\gamma$鎖が確認された（図Ⅰ-5-2）。

### 2 植物性酵素による抽出

つぎに植物性たんぱく質分解酵素での溶解を試みた。以下に、キウイフルーツに含まれるアクチニダインによって牛アキレス腱を処理した実施例を示す（表Ⅰ-5-2）。

アクチニダインは、酵素活性が最大となる pH 3.3 でもっともよくアキレス腱中のコラーゲンを抽出した。溶解したコラーゲンの分

子量分布を電気泳動により分析すると，2本鎖のコラーゲンβ鎖成分，およびα鎖成分，さらにはそれらより分子量の小さいコラーゲンペプチドが検出された。この小さなコラーゲンペプチドは，抽出

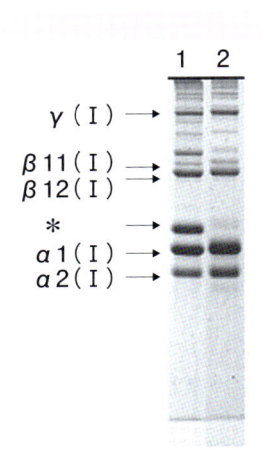

γ(Ⅰ) →
β11(Ⅰ) →
β12(Ⅰ) →
＊ →
α1(Ⅰ) →
α2(Ⅰ) →

5％ゲル，尿素入り，還元条件での電気泳動像。
レーン1：牛皮膚由来
レーン2：牛アキレス腱由来
＊はⅢ型コラーゲンのα1鎖を示す。
Ⅲ型コラーゲンは，アキレス腱にはほとんど含まれない。

**図Ⅰ-5-2　ペプシン抽出コラーゲンの電気泳動像**

**表Ⅰ-5-2　アクチニダインによる牛アキレス腱の抽出**

抽出コラーゲン量（重量％）

|            | 0 h | 4 h  | 8 h  | 16 h | 24 h |
|------------|-----|------|------|------|------|
| pH 6.0     | 0   | 1.92 | 1.43 | 1.92 | 1.85 |
| pH 3.3     | 0   | 0.97 | 1.27 | 3.19 | 3.17 |
| pH 2.7～2.9 | 0   | 0.14 | 0.22 | 0.10 | 0.26 |

過程でゼラチン化したコラーゲンがさらに酵素によって分解されたものと考えられた。

## 5.3 牛すじ膜からの抽出

牛腱膜（すじ膜）はアキレス腱と同じすじの一種で，頚椎と結びついて牛のからだを支えている。すじ膜は大変おいしいスープ原料となるが，それ自体は煮込んでもかたく，やっかいな食品素材といわれている。

そこで牛すじ膜を溶解すること，またかんでかみ切れるやわらかさにして新しいコラーゲン食材として活用することを試みた。

### 1 熱水への溶解性

すじ膜の小片に水を加え，85℃または105℃の湯煎で30分または60分加熱抽出した。その結果，85℃および105℃の湯煎処理で溶けたすじ膜の回収率は0.5～1.3％（重量％）で，60分までの処理

表Ⅰ-5-3 牛すじ膜の熱水溶解性

| 加熱温度と時間 | 回収率（％） |
|---|---|
| 20℃で30分 | 0 |
| 20℃で60分 | 0 |
| 85℃で30分 | 1.1 |
| 85℃で60分 | 0.9 |
| 105℃で30分 | 0.5 |
| 105℃で60分 | 1.3 |

では熱水にほとんど溶けないことが確認された（表Ⅰ-5-3）。組織中ではコラーゲンは変性してゼラチン化していると思われるが，すじ膜コラーゲンの大部分が架橋されているため，ゼラチンとしても少量しか抽出されてこなかったと考えられる。

## 2 植物性酵素による抽出

つぎに，すじ膜に対する植物性たんぱく質分解酵素の効果について調べた。アクチニダイン・パパイン・ブロメライン・フィシンはいずれも植物性たんぱく質分解酵素であり，アクチニダインはキウイフルーツに，パパインはパパイヤに，ブロメラインはパインアップルに，フィシンはイチジクにそれぞれ含まれている。

---

### topics! 植物性酵素の活性

植物性酵素のアクチニダイン・パパイン・ブロメライン・フィシンは，60～70℃で高いプロテアーゼ活性を示す。おろし金でおろし，ガーゼでこした搾汁を粗酵素として利用できる。しかし，果汁もいっしょに入るので，反応液の香りに影響することがある。キウイフルーツに含まれるアクチニダインは，食べごろがもっとも活性が高い。食肉の軟化剤としてよく使われるパパインは，青パパイヤに存在し，熟して食べごろになると活性はほとんど消失する。また，青パパイヤ中にはプロテアーゼだけでなくリパーゼも存在することに注意が必要である。

---

牛すじ膜を85℃の熱水に60分浸してコラーゲンを加熱変性させた。この加熱変性させたすじ膜と，加熱しないすじ膜を，アクチニダイン・パパイン・ブロメライン，またはフィシンを溶解させた酢

酸溶液に加え，70℃で60分反応させた。対照は酵素を含まない反応試料とした。

その結果，加熱変性したすじ膜と加熱しないすじ膜のいずれの場合も，植物性酵素によって回収率に差があり，コラーゲン以外の成分も含めたたんぱく質の回収率は，アクチニダイン，パパイン，ブロメライン，フィシンの順に大きかった。しかし，加熱した場合と非加熱の場合で，回収率にはほとんど差がみられなかった（表Ⅰ-5-4）。

つぎに，この条件で抽出された標品を乾燥してコラーゲン量を測定した。その結果，加熱変性したすじ膜からのコラーゲン抽出量は，非加熱の場合より有意に多かった。これは加熱処理によりゼラチン化したコラーゲンが酵素により分解され，コラーゲンペプチドとして溶解したためと考えられる。また小さなペプチドを含むコラーゲンの溶解量は，アクチニダイン，パパイン，ブロメライン，フィシンの順に多かったが有意差はみられなかった（表Ⅰ-5-5）。

以上のように，牛すじ膜のコラーゲンは，加熱処理と植物性たんぱく質分解酵素処理を組み合わせることによって部分的に加水分解

表Ⅰ-5-4　牛すじ膜の溶解に及ぼす加熱の効果

| 酵　　素 | 全たんぱく質の回収率（％） ||
|---|---|---|
| | 加熱した場合 | 非加熱の場合 |
| 対照（なし） | 0.8 | 0.9 |
| アクチニダイン | 34.7 | 35.2 |
| パパイン | 11.7 | 11.1 |
| ブロメライン | 6.6 | 3.5 |
| フィシン | 2.8 | 2.5 |

表Ⅰ-5-5　牛すじ膜の可溶化コラーゲン量に及ぼす加熱の効果

| 酵　　素 | コラーゲンの回収率（％） ||
|---|---|---|
| | 加熱した場合 | 非加熱の場合 |
| 対照（なし） | 0.22 | 0.15 |
| アクチニダイン | 7.75 | 4.25 |
| パパイン | 4.78 | 3.91 |
| ブロメライン | 4.45 | 2.13 |
| フィシン | 2.54 | 1.18 |

され，コラーゲンペプチドとして抽出されたが，溶けない部分も多く残った。

　そこで，溶けないで残ったすじ膜ついて，"かみやすさ"と"飲み込みやすさ"を合わせた「咀嚼性」の官能評価を行った。対照には，同じ反応液の組成でアクチニダインを添加しない試料を使用した。この対照を0点とし，-3～+3の7段階尺度で評価した結果，加熱変性後にアクチニダインで処理した牛すじ膜は，かんで咀嚼できる程度に軟化していることがわかった（表Ⅰ-5-6）。

表Ⅰ-5-6　加熱とアクチニダインで反応させた牛すじ膜の
　　　　　かたさの官能評価

| | 咀　嚼　性 |
|---|---|
| 対　　　照 | 0 |
| アクチニダイン処理 | 1±0.53 [*] |

＊有意差あり

## 5.4 料理におけるコラーゲンの抽出

　食材に含まれるコラーゲンは本来溶けにくいものであるが，上述のようにいろいろな方法で抽出して溶かし出すことができるため，その技術は料理のつくり方の中で活かされている。

　ここでは，コラーゲンの抽出と料理法を対応させてみる。

### 1 テールスープ

　牛テールは尾から皮をはがしとったもので，1頭あたり12節ほどからなる。節ごとにカットしたものが，商品として小売りされている。牛テールはコラーゲンたっぷりの料理素材で，明治のころから「安くておいしい料理に仕立てることができる」と料理書などに紹介されている。

　テールスープは，市販の牛テールにたっぷりの水を加え，2～3時間ほど弱火で煮込み，塩とこしょうで味を調え，スープと牛テールを合わせて食べる料理である。煮出した後の肉は野菜などと煮込むとおいしく食べることができる。しかし今日ではテールスープは家庭料理として一部の地域で食べ続けられてはいるものの，ほとんどは料亭やホテルの高級料理となっている。

| 材　料 | 分　量 |
|---|---|
| 牛テール | 13.2% |
| 食塩 | 少々 |
| キウイフルーツジュース | 1.0% |
| 水 | 85.8% |

## 【つくり方】

① 牛テールの肉部を小片に切る。
② 血抜きをする。
③ 水と食塩を加える。
④ 弱火で煮出す。
⑤ キウイフルーツジュースを加える。
⑥ さらに煮出す。
⑦ 布でろ過し，ろ液を加熱する。

この料理法における抽出は，加熱（手順④），キウイフルーツジュース処理（手順⑤），加熱（手順⑥），ろ過と加熱（手順⑦）に分けられる（表Ⅰ-5-7）。

表Ⅰ-5-7　料理におけるコラーゲンの抽出

| 料理の操作 | コラーゲンの抽出 |
| --- | --- |
| 加　　熱 | ●難溶性のコラーゲンを熱で変性<br>●加水分解して抽出・低分子化 |
| キウイフルーツジュース処理 | たんぱく質分解酵素（アクチニダイン）による分解 |
| 加　　熱 | ●可溶化・加水分解 |
| ろ過と加熱 | ●たんぱく質分解酵素の失活・殺菌処理 |

このように，通常の料理の中でもコラーゲンが低分子化されて溶け出している。一方ゼラチンを酸や酵素で工業的に加水分解して低分子にしたものが調味料として利用されており，以下のような特徴がある。

- 炭水化物や脂肪をほとんど含まず,酸敗などによる変質が起きにくい。
- 甘味を示すグリシン・アラニン・プロリンが非常に多く含まれており,苦味,不快味を示すトリプトファン・イソロイシン・メチオニンなどが非常に少ない。
- 旨味の強いグルタミン酸も相当量含まれている。
- 酵素分解の場合は,アミノ酸まで分解されていないペプチドの呈味に注意する必要がある。

　コラーゲンを多く含む骨つき肉・鶏がら・魚などをとろ火で長時間煮込んだブイヨンには,熱で変性・分解したコラーゲンが多量に含まれている。キウイフルーツ・パパイヤ・パインアップル・イチジクには植物性たんぱく質分解酵素がたっぷり含まれていることから,これらを上手に利用することでコラーゲンの抽出と分解を効率的に行うことができ,料理に深みを加えることができる。

### ●参考文献●

- 蛯原哲也ほか:*Connective Tissue*, **31**:17〜23(1999)
- 畑隆一郎ほか編:細胞外マトリックス研究法[1],コラーゲン技術研修会(1998)
- Hattori, S., et al.:*J. Biochem.*, **125**:676〜684(1999)
- Wada, M., et al.:*Food Sci. Tech. Res.*, **10**:35〜37(2004)
- 和田正汎・山口静子・惟村直仁・長谷川忠男:食科工誌,**50**(11):506〜510(2003)
- 服部俊治ほか:フレグランスジャーナル,**29**:52〜58(2001)

# 第6章

# ゼラチンの製造と改質

## 6.1 ゼラチンの工業的製造

　　ゼラチンは無味無臭の淡黄色ないし琥珀色の固体である。ゼラチンを工業的に製造する原料は，牛骨・牛皮・豚皮などが一般的であるが，最近では海産および淡水産の魚の皮や鱗が利用されることも多い。これらの原料に含まれるコラーゲンを，酸あるいはアルカリで前処理してから，熱加水分解して抽出したものがゼラチンである。その製造法の概略を図Ⅰ-6-1に示す。

## 6.2 ゼラチン使用上の注意

### 1 保存と溶解

　　ゼラチンは，乾燥した固体の状態で室温またはそれ以下の温度で密封しておけば数年間は変化しない。しかし吸湿させたり，溶液状態で保存すると腐敗・分解を受けやすいので注意が必要である。

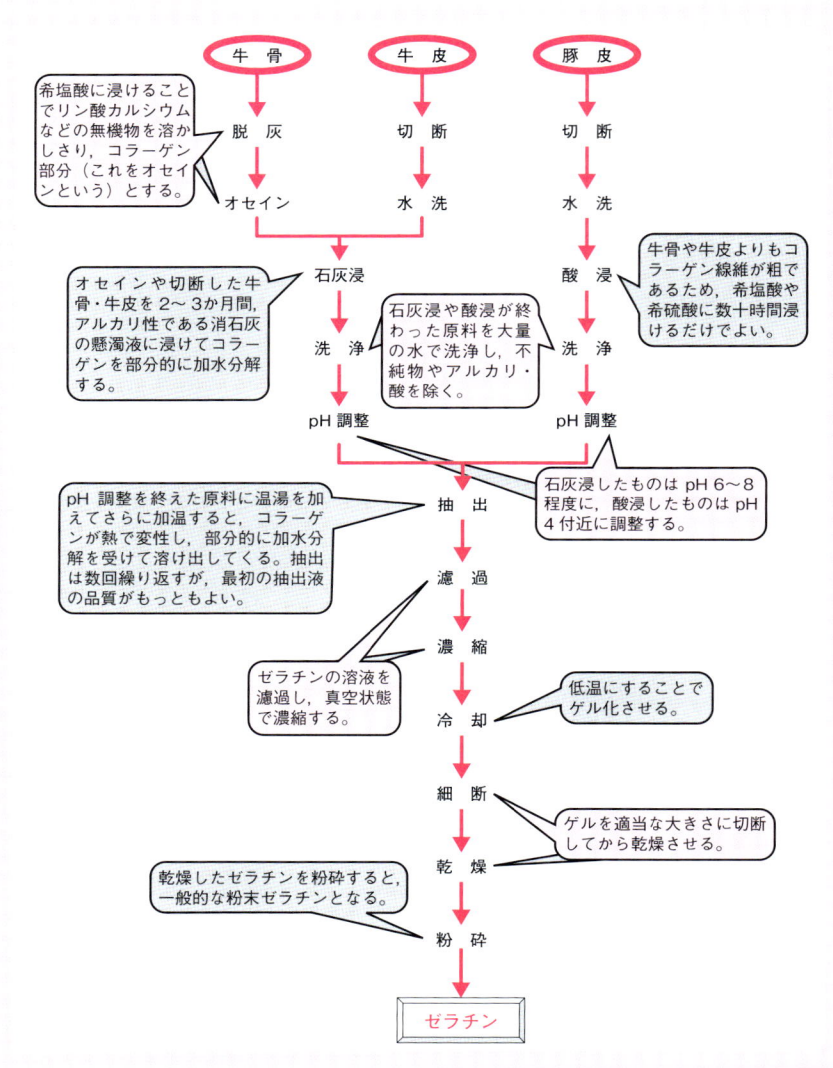

```
                  牛骨          牛皮          豚皮
                   ↓            ↓            ↓
希塩酸に浸けること  脱灰         切断         切断
でリン酸カルシウム   ↓            ↓            ↓
などの無機物を溶か  オセイン     水洗         水洗
しさり，コラーゲン                ↓            ↓
部分（これをオセイ               石灰浸       酸浸 ←── 牛骨や牛皮よりもコ
ンという）とする。                 ↓            ↓         ラーゲン線維が粗で
                                                         あるため，希塩酸や
オセインや切断した牛 ──→         洗浄         洗浄      希硫酸に数十時間浸
骨・牛皮を2〜3か月間，             ↓            ↓         けるだけでよい。
アルカリ性である消石灰            pH調整       pH調整
の懸濁液に浸けてコラー      石灰浸や酸浸が終
ゲンを部分的に加水分解       わった原料を大量
する。                         の水で洗浄し，不
                               純物やアルカリ・
                               酸を除く。
                                    ↘        ↙
pH調整を終えた原料に温湯を加 ──→   抽出    ←── 石灰浸したものは pH 6〜8
えてさらに加温すると，コラーゲ       ↓         程度に，酸浸したものは pH
ンが熱で変性し，部分的に加水分       ↓         4付近に調整する。
解を受けて溶け出してくる。抽出     濾過
は数回繰り返すが，最初の抽出液      ↓
の品質がもっともよい。              濃縮
                                    ↓
            ゼラチンの溶液を      冷却 ←── 低温にすることで
            濾過し，真空状態      ↓         ゲル化させる。
            で濃縮する。          細断
                                   ↓   ←── ゲルを適当な大きさに切断
                                  乾燥       してから乾燥させる。
乾燥したゼラチンを粉砕すると，     ↓
一般的な粉末ゼラチンとなる。 ──→ 粉砕
                                   ↓
                                ゼラチン
```

図Ⅰ-6-1　ゼラチンの製造工程

ゼラチンを溶解するには，通常冷水に加えて室温に1時間以上静置し，十分に吸水させてから 50〜60℃に加温するが，60〜70℃の温水に直接加えながら撹拌して溶解することもできる。また最近は，冷水にも溶けやすいように工夫されたゼラチンもある。

## 2 異なるゼラチンの混合

製造の前処理として，アルカリで処理されたゼラチンをアルカリ処理ゼラチン，酸で処理されたものを酸処理ゼラチンと呼ぶ。ゼラチンは，酸および塩基の両方の働きをもつ両性電解質であるため，酸性溶液中では（＋）に，アルカリ性溶液中では（－）に帯電する。この電荷がちょうどゼロになる pH を等電点と呼び，アルカリ処理ゼラチンでは pH 5.0 付近，酸処理ゼラチンでは pH 7〜9 となる。等電点の異なるゼラチンの溶液を混合すると，両者間で反応が起こって白濁するので，2種類以上のゼラチンを同時に使用する場合は注意が必要である。

### topics! ゼラチン溶液の白濁

ゼラチンは酸および塩基の両方の性質をもつ両性電解質で，等電点（等イオン点）より酸性側の水溶液中では（＋）に帯電し，アルカリ性側の水溶液中では（－）に帯電している。アルカリ処理ゼラチンの等電点は pH 5，酸処理ゼラチンの等電点は pH 7〜9 になる。

コーヒーゼリーをつくる場合，コーヒー溶液の pH は 5.5 付近なので，アルカリ処理ゼラチンは（－）に帯電し，酸処理ゼラチンは（＋）に帯電する。このとき，コーヒーの中には（－）に帯電したタンニンがあるため，酸処理ゼラチンを使用すると，タンニンと結合して白濁するので，アルカリ処理ゼラチンが適している。

## 3 ゼリー強度

ゼラチンのプリンとした弾力性の指標であるゼリー強度（単位：g）は、ゼラチンの大切な品質規格であるが、その強度はゼラチンの製造法によって異なる。ゼリー強度が高いほどゼリーの弾力性は高くなってプリンとした食感を与え、低いほど食べたときの口溶けがよくなる。

### topics! 処理法によるゼラチンの違い

アルカリ処理ゼラチンと酸処理ゼラチンの等電点が違うのは、前処理の違いによってアミノ酸の状態が異なるためである。すなわち、アルカリ処理された牛由来コラーゲンのアスパラギンとグルタミンの約1/3は、そのアミド（$-CONH_2$）がカルボキシル基（$-COOH$）に変化している。原料の牛骨を石灰処理している段階でアミドが分解され、遊離のカルボキシル基に変化する。そのため、石灰浸の期間が長くなるほどアミド基の含有量は少なくなる。

また石灰処理法でつくられた牛骨ゼラチンには、アミノ酸のチロシンも少ない。チロシン残基は、コラーゲン分子の両端にあるテロペプチドに含まれているが、石灰処理によってこのテロペプチドが切断されるために失われる。

## 6.3 改質ゼラチン

　昭和50年代から，ゼラチンなどの食品たんぱく質を化学的または酵素的に修飾する研究が世界的に行われるようになった。すなわち，たんぱく質の分子構造の一部を化学的または酵素的に変換し，その栄養特性や機能特性を改善しようという研究である。

　ゼラチンの化学的修飾は，ゼラチン分子内のアミノ基（-NH$_2$），カルボキシル基（-COOH）や水酸基（-OH）などを化学試薬でアセチル化，スクシニル化，アルキル化，フタロイル化，アミノエチルアミド化，脱アミノ化するというものである。化学的修飾の中では，たんぱく質の水酸基やアミノ基にアシル基を導入する方法がもっとも一般的である。ここでは，ゼラチンの分子間に，トランスグルタミナーゼという酵素を用いて架橋を形成させる技術について紹介する。

### 1 酵素による架橋の形成

　トランスグルタミナーゼは，たんぱく質の分子間に架橋をつくる酵素のひとつである。動物由来のトランスグルタミナーゼ（TG）は Ca$^{2+}$ 依存性の酵素であるが，微生物由来のトランスグルタミナーゼ（MTG）は Ca$^{2+}$ 非依存性である。後者のトランスグルタミナーゼ（MTG）は食品添加物として認められているため，これを利用して，水産練り製品，畜産加工品，食品接着用などのゼラチンの物性を改質することができる。その有用性研究と実用化については，本木らの研究が知られている[1]。

## 2 トランスグルタミナーゼ（MTG）による反応（1）

トランスグルタミナーゼ（MTG）は，たんぱく質やポリペプチド鎖のグルタミンの$\gamma$-カルボキシアミド基と各種一級アミン間のアシル基転移反応を触媒する酵素である（図Ⅰ-6-2）。

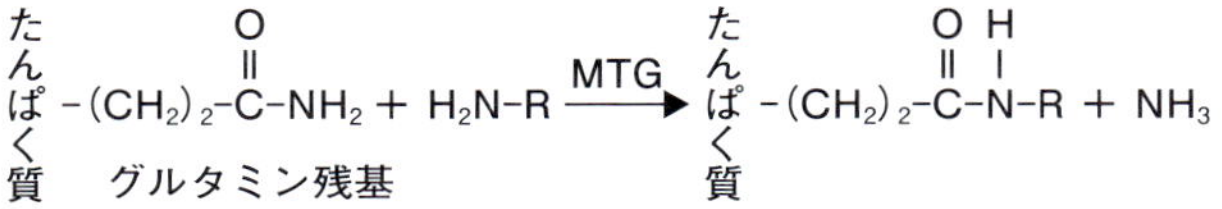

たんぱく質-$(CH_2)_2$-C(=O)-$NH_2$ + $H_2N$-R $\xrightarrow{MTG}$ たんぱく質-$(CH_2)_2$-C(=O)-N(H)-R + $NH_3$
　　　　　グルタミン残基

図Ⅰ-6-2　トランスグルタミナーゼ（MTG）の反応式（1）

この反応により，食品たんぱく質のグルタミン残基に必須アミノ酸を導入することができるので，元のたんぱく質より栄養価を高めることができる[2]。

## 3 トランスグルタミナーゼ（MTG）による反応（2）

トランスグルタミナーゼ（MTG）は，たんぱく質の$\varepsilon$-アミノ基にも一級アミンとして触媒作用を行い，たんぱく質の分子内や分子間に架橋を形成することができるため，これによってたんぱく質の特性を改質することが可能になる（図Ⅰ-6-3）。この反応で改質さ

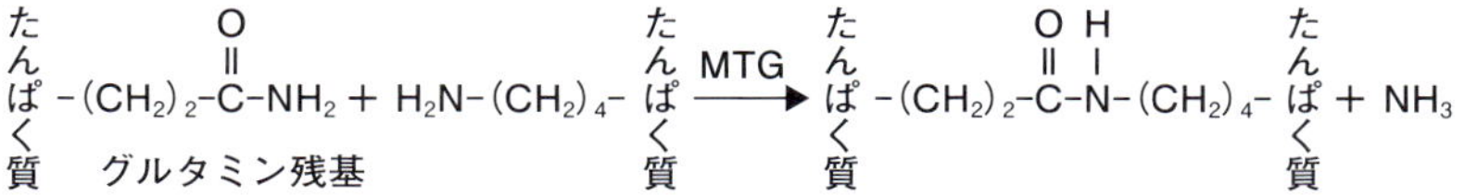

たんぱく質-$(CH_2)_2$-C(=O)-$NH_2$ + $H_2N$-$(CH_2)_4$-たんぱく質 $\xrightarrow{MTG}$ たんぱく質-$(CH_2)_2$-C(=O)-N(H)-$(CH_2)_4$-たんぱく質 + $NH_3$
　　　　　グルタミン残基

図Ⅰ-6-3　トランスグルタミナーゼの反応式（2）

れたたんぱく質を食品に利用したところ，食感が多彩になったという[3]。

## 4 トランスグルタミナーゼ（MTG）による反応（3）

一級アミンが存在しない場合は水がアシル基受容体として機能し，グルタミン残基が脱アミド化されてグルタミン酸になる。この反応式を図Ⅰ-6-4に示した。

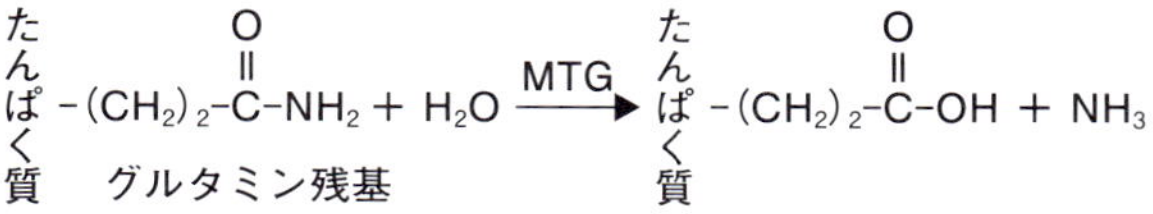

$$\text{たんぱく質}-(CH_2)_2-\overset{O}{\overset{\|}{C}}-NH_2 + H_2O \xrightarrow{MTG} \text{たんぱく質}-(CH_2)_2-\overset{O}{\overset{\|}{C}}-OH + NH_3$$

　　　　　　グルタミン残基

**図Ⅰ-6-4　トランスグルタミナーゼの反応式（3）**

以上のように，トランスグルタミナーゼ（MTG）を利用して，ゼラチンにたんぱく質・ペプチド・アミノ酸を共有結合で付加できる。このような方法で改質されたゼラチンは，物性や機能の点で元のゼラチンとは異なり，いわば新素材の誕生ともいえるものである。改質されたゼラチンには耐熱性・耐酸性・耐水性などの物理的特性が付与される。

具体例として，天然のふかひれと酷似した人工ゼラチンがあげられる[4]。これは，「トランスグルタミナーゼ（MTG）で処理したゼラチンのゲルが耐熱性をもつ」という特性を利用したものである。すなわち，酸性法で調製したゼラチン水溶液を中和してから，トランスグルタミナーゼ（MTG）を添加し，減圧脱気後，溶液に粘りが出たら糸状にする。これを50℃で乾燥後，7cmに切断し，数本ずつ束ねて糸状ヒーターの間で延伸する。さらに80℃で乾燥すると，

ふかひれ類似食品となる。この食品は20分間煮沸しても型がくずれないほどの耐熱性をもち，天然ふかひれと酷似した食感をもつと報告されている。

## ●参考文献●

1 ）本木正雄・添田孝彦・安藤裕康・松浦　明：農化誌, **69**：1301〜1308（1995）
2 ）Ikura, K., Yoshikawa, M., Sasaki, R. and Chiba, H.：*Agric. Biol. Chem.*, **45**：2587〜2592（1981）
3 ）日本特許：特開平06-98743, 特開平08-173032, 特開平08-112071
4 ）日本特許：特開平02-171160

・野田春彦・永井　裕・藤本大三郎 編：コラーゲン－化学・生物学・医学－, 南江堂（1978）
・von Hippel, P. H. and Wong, K. Y.：*Biochemistry*, **2**：1387〜1398（1963）
・Rigby, B. J.：*Nature*, **219**：166〜167（1968）
・伊藤敏敏・渡邊乾二・伊藤　良：動物資源利用学，文永堂出版（1998）
・安孫子義弘編（代表）：にかわとゼラチン，日本にかわ・ゼラチン工業組合（1997）
・Dobe, M., *et al.*：*Evr. Food Res. Techol.*, **225**：287〜299（2007）
・Ikura, T., *et al.*：*Agric. Biol. Chem.*, **44**：1567〜1573（1980）

# 第Ⅱ編 食品と料理

# 第1章

# 食事に由来するコラーゲン量

　コラーゲンは動物の全たんぱく質の1/3を占めており，ほぼ全身に分布している。そのため，私たちは日常の食事の中で動物性食材からコラーゲンを摂取している。中でも皮膚や腱，骨などにはコラーゲンが多く含まれることから，牛すじ，豚足，鶏手羽先，小魚などがコラーゲンの多い食材としてよくとり上げられる。実際に組織中のコラーゲン量を乾燥重量あたりでみると，皮膚の約70％，骨の約20％がコラーゲンである。

　食事に由来するコラーゲンの摂取量を把握することは，各個人の栄養的なバランスを考えるうえで，また健康補助食品（サプリメント）の適切な摂取量を個人の食生活に基づいて決めるためにも重要である。しかし同じ名称で呼ばれる食材でもコラーゲンの量は変動するため，食材に含まれるコラーゲンの量を正確に測定することは容易ではない。また多くの種類の食材からコラーゲンを精製することは非常に困難である。そこでここでは，それぞれの食材中のコラーゲン量を推定する方法を紹介し，実際の食材についてコラーゲン量を計算した結果をまとめた。

## 1.1 動物性食材のコラーゲン含量

ヒドロキシプロリンはコラーゲンに特徴的なアミノ酸である。コラーゲンの全アミノ酸に占めるヒドロキシプロリンの重量比を「ヒドロキシプロリン係数」と呼ぶ。ヒドロキシプロリン係数は動物の種によって異なるが，皮膚などのコラーゲンが多い組織からコラーゲンを精製し，アミノ酸分析を行って決定することができる。

一方動物性食材中の「ヒドロキシプロリン量」は，食材を塩酸で加水分解し，ジメチルアミノベンズアルデヒド比色法などで測定することができる。この2つの数値がわかれば，下記の式で食材中のコラーゲン量を算出できる。

$$\text{コラーゲン量 (mg/g)} = \text{ヒドロキシプロリン係数} \times \text{ヒドロキシプロリン量 (mg/g)}$$

ヒドロキシプロリン係数はコラーゲンを精製しないと測定できないため，すべての動物種でこれを決めることは困難であるが，代表的な動物種については精製コラーゲンのアミノ酸組成が明らかにされており，その数値から計算できる。それをもとに，代表的な食材についてコラーゲン量を調べた例を示す（表Ⅱ-1-1）。調べたい食事に含まれる動物性食材の種類と量がわかれば，この表をもとにコラーゲン量を推定することができる。数値がわからない食材については，類似の食材の数値を代用すればよい。

市販されている食材の中身は，同じ名称で販売されている食材でも中身が一定ではなく，コラーゲン量も変動する。またヒドロキシプロリン係数が未知の種もあることから，この方法によるコラーゲ

## 第1章 食事に由来するコラーゲン量

表Ⅱ－1－1　動物性食材のコラーゲン含量

| | 動物性食材 | コラーゲン量 (mg/g) |
|---|---|---|
| 肉類 | 牛すじ | 49.8 |
| | 鶏ヤゲン軟骨 | 40 |
| | 鶏がらスープの素（粉末） | 26.9 |
| | 鶏砂ぎも | 23.2 |
| | 鶏手羽元 | 19.9 |
| | 豚レバー | 18 |
| | 鶏もも肉 | 15.6 |
| | 鶏手羽先 | 15.5 |
| | 鶏骨つきぶつ切り肉（皮あり） | 15.3 |
| | 豚スペアリブ | 14.6 |
| | 豚小間肉 | 11.9 |
| | ハム | 11.2 |
| | 鶏レバー | 8.6 |
| | 牛肉 | 7.5 |
| 魚介類 | はも皮 | 76.6 |
| | うなぎの蒲焼き | 55.3 |
| | はも肉 | 25.4 |
| | さけ（皮あり） | 24.1 |
| | さけ（皮なし） | 8.2 |
| | ちりめんじゃこ | 19.2 |
| | なまり節（かつお） | 16.6 |
| | いか | 13.8 |
| | こうなご | 12.9 |
| | えび | 11.5 |
| | あさり | 11 |
| | しめさば | 7 |
| | まぐろ | 5.7 |
| | かまぼこ | 3.8 |
| | うなぎの蒲焼きのたれ | 1.1 |

ン摂取量の推定値は必ずしも正確ではないが，食事由来のコラーゲン量を推定するための簡便な手法として有用である。

　表Ⅱ-1-1をみると，コラーゲンは，肉類では牛すじ，鶏ヤゲン軟骨，鶏砂ぎもなどに，また魚介類でははもの皮や肉，うなぎの蒲焼き，ちりめんじゃこなどの小魚に多いことがわかる。魚の皮はコラーゲンを多く含んでいるので，さけの皮ありと皮なしでは約3倍の違いがある。すなわち，日々の食事の中で，魚を食べるときに皮も食べているか，また小魚をよく食べているかなどで，食事からのコラーゲン摂取量は大きく変わってくる。第2章では，コラーゲン・ゼラチンの料理を紹介するが，それぞれのレシピにはこの方法で推定したコラーゲンの量を記載した。

## 1.2 食事からのコラーゲン摂取量

　「平成20年国民健康・栄養調査」によれば，日本の成人女性は1日に63.3gのたんぱく質を摂取しており，そのうち動物性たんぱく質は32.7gである。また成人男性の場合は，1日に75.8gのたんぱく質を摂取し，そのうち動物性たんぱくは40.2gである。

　成人男女でのコラーゲン摂取量を推定するため，上に述べた方法を応用して，20代～40代までを対象として食事に含まれるコラーゲン量を調査した[1]。その結果，女性での平均は1日あたり1.7g，男性は1.8gであった（表Ⅱ-1-2）。動物のからだを構成するたんぱく質の1/3がコラーゲンであり，女性と男性がそれぞれ32.7g，40.2gの動物性たんぱくを摂取していることを考えると，1.7ないし1.8gという量は決して多いとはいえないであろう。

表Ⅱ-1-2　食事からのコラーゲン摂取量

|  | 女　　性 | 男　　性 |
|---|---|---|
| 全たんぱく（g/日） | 63.3 | 75.8 |
| 動物性たんぱく（g/日） | 32.7 | 40.2 |
| コラーゲン（g/日） | 1.7 | 1.8 |

## 1．3 適切なコラーゲン摂取量

　コラーゲンは動物性食材に含まれている成分であり，第Ⅰ編第4章で述べたような栄養成分としての特徴的な作用をもっている。しかし，コラーゲンをどの程度の量摂取すべきかははっきりしていない。これを考える根拠のひとつとして，ヒト試験で有効性が確認されたゼラチン・コラーゲンペプチドの摂取量を表Ⅱ-1-3に示す。これをみると，1日あたり5～10gで肌や関節痛への効果が確認されている。食事以外からの適切な摂取量は，各個人の食生活や体重，体質や年齢，体調などによって変動すると考えられるため，このデータから日本人に適切な摂取量を一律に決めることはできな

表Ⅱ-1-3　ゼラチン・コラーゲンペプチドの有効摂取量

| 摂　取　物 | 用量（g/日） | 効　　果 | 文　　献 |
|---|---|---|---|
| コラーゲンペプチド | 5, 10 | 肌 | 2），3） |
| コラーゲンペプチド | 10 | 関　節　痛 | 4） |
| ゼ ラ チ ン | 7 | 爪 | 5） |

いが，1日あたり5～10gを基準として，個人ごとに適切な摂取量を決めるのがよいと思われる。

●参考文献●

1）小林身哉ほか：第64回日本栄養・食糧学会，2010年大会（徳島）
2）大原浩樹ほか：日本食品化学工学会誌，**53**，137～145（2009）
3）小山洋一：コラーゲンの肌への作用・最新研究，食品と開発，**44**，10～12（2009）
4）Clark, K. L., et al.：*Curr. Med. Res. Opin.*, **24**, 1485～1496（2008）
5）Rosenberg, S., et al.：*AMA Arch. Dermatol.*, **76**, 330～335（1957）
・平成20年国民健康・栄養調査結果の概要，健康局総務課生活習慣病対策室
・日本生化学会編：生化学データブックⅠ，東京化学同人（1979）
・服部俊治ほか：フレグランスジャーナル，**29**，52～58（2001）
・Ebihara, T., et al.：1st Japan-France collagen symposium, 1997（Yamaguchi）

# 第2章

# コラーゲン・ゼラチンの料理

　カゼインとゼラチン食を与えたマウスは，カゼイン食のみより骨の密度が高くなったこと，豚にコラーゲンペプチド食を投与した場合，ラクトアルブミン食より真皮の線維芽細胞数が多くなったこと（第Ⅰ編第4章の実験）などが明らかにされた。その効果はコラーゲン（ゼラチン・コラーゲンペプチド）を投与された動物は体内でこれを消化・吸収し，コラーゲンの生合成を変化させたことを示唆している。

　食品や料理の栄養評価法のひとつであるアミノ酸スコアでは，ラクトアルブミンは良質たんぱく質，カゼインは中程度たんぱく質，コラーゲンは劣質たんぱく質に区分される。

　上記の研究成果は，劣質たんぱく質であるコラーゲンが低たんぱく質状態で高い利用効率を示した事例に当たるのか，与えた餌のアミノ酸組成が動物体内のコラーゲンに近かったためなのか，あるいは新たな作用機構が存在するのかに興味がもたれる。また，たんぱく質には，栄養素間や摂取する混合たんぱく質の間に利用効率の相互作用が存在することも知られている。

　ヒトの体たんぱく質のひとつであるコラーゲンと食事の間の研究は，ようやく始まったばかりである。今後の研究と研究成果の利用に期待がもたれる。

本章は，まず食の行動と調理の立場から郷土料理のなかのコラーゲン料理と新たに創作したコラーゲン食品・料理を紹介する。

コラーゲンは動物性食材に広く含まれているたんぱく質のひとつであり，私たちはコラーゲンを日常的に料理から摂取している。私たちの身の回りにあるコラーゲンを含む食品や料理には，コラーゲンをたっぷり含んでいる食材を利用した料理と，コラーゲンが変性して溶け出したゼラチンや卵類・乳類などからなるゲル状食品がある。これらの食品や料理は，食材と機能をもとに次のように分類することができる。

2.1 コラーゲン・ゼラチンたっぷりの食材からなる料理
2.2 動物性たんぱく質との組み合わせ料理
2.3 植物性たんぱく質との組み合わせ料理
2.4 野菜類・果汁・果実との組み合わせ料理
2.5 保水性・保型性を活かしたとろみ調整食品と嚥下用食品

この分類がすべてのコラーゲン食品と料理を包括するものではないが，現段階では実用性が高いと考え，これに基づいてコラーゲン食品・料理を紹介する。また本書では，食品・料理に含まれるコラーゲンの概算量を合わせて記載することで，実際に料理から摂取できるコラーゲン量を数値で理解できるように配慮した。

第2章　コラーゲン・ゼラチンの料理　*81*

## 2.1 コラーゲン・ゼラチンたっぷりの食材からなる料理

### 1 『はもしゃぶ』(京料理魚常)(京都市中央区竹屋町通室町東入)

協力　京都市中央卸売市場㈱三京田村
写真提供　京料理魚常

| 材　　料 | 分量（2～4人分） |
|---|---|
| はも（600g程度のもの） | 1～2本 |
| 豆腐 | 1～2丁 |
| きょうな | 1束 |

＊くずきり・はくさい・レタス・茸類・白ねぎ・生麩などを季節により，また好みにより加える。

【つくり方】
① はもは4枚切りまたは2枚に骨切りし，放射線状に並べる（屋形仕事と割烹仕事で分けている）。
② はもの頭・骨などは弱火のオーブンでじっくり焼き上げて鍋の出汁にする。
③ はもを出汁に軽くつけ，身肉が白身になったころ，ポン酢につけていただく。

## topics! はも料理と祇園祭

　7月の声を聞くと，京都は祇園祭一色になる。祇園祭は，別名「はも祭」とも呼ばれる。暑い夏を元気にと，この季節に京都の人びとは，はもを食べる。

　なぜ，京都ではも料理が発達したかというと，はもは昔輸送手段が発達していなかったころ，生きたまま京都に持ち込むことのできる唯一の魚であったからである。元気な魚を食べ，はもにあやかろうと人びとが考え，信じたからである。

32基の山鉾の1つ，蟷螂山（とうろうやま）のからくり仕掛けのカマキリは子どもたちに大人気

## はもの骨切り
（魚常総料理長　高木祥史　談）

　はも料理には「骨切り」という調理技術が必要になります。骨切りとは，はもを腹開き（魚の下ろし方の呼称）にし，身肉に皮一枚残して，細かい切り込みを入れて小骨を除く調理法です。上手に骨切りしないと，身肉がつぶれ，味も食感も落ちてしまうので，熟練した技術が必要になります。私も，若いころよく怒鳴られました。一寸（約3 cm）24～26切れの包丁を入れることができれば，一人前といわれます。

## 2 テールスープ（京都家庭料理）

写真提供　京都市中央卸売市場京都副生物卸協同組合

| 材　　料 | 分量（4人分） |
|---|---|
| 牛テール | 4節（個） |
| 水 | テールが浸るくらい |
| だしこんぶ | 20 cm 角 |
| こいくちしょうゆ | 大さじ5〜8 |
| 砂糖 | 大さじ1〜2 |
| みりん | 大さじ3 |
| 酒 | お好みで |
| とろろこんぶ | お好みで |

### 【つくり方】

① 牛テールと水を火にかけ，沸騰したらあくをとる。
② だしこんぶを入れ，弱火で炊く。
③ こいくちしょうゆ，砂糖，みりん，酒を入れる。
④ 骨から肉片が離れるまで2〜3時間煮込む。水を適宜加える。
⑤ 器に盛りつけ，お好みでとろろこんぶを浮かべる。

## 第2章 コラーゲン・ゼラチンの料理

# 3 『いもぼう』(平野家本店)(京都市東山区円山公園内知恩院南門前)

いもぼう雪御膳
写真提供　平野家本店

| 材　料 | 分　量 |
|---|---|
| 棒鱈(もどしたもの) | 6 kg |
| 海老芋 | 15 kg |
| だし汁(かつおとこんぶ) | 10 L |
| 砂糖 | 1.5 kg |
| うすくちしょうゆ | 900 mL |
| 水 | 適宜 |
| 煮汁(古汁) | 適宜 |

## 【つくり方】

① 毎日水を換えながら，約1週間かけて棒鱈をもどす。
② やわらかくなったら，カマ，黒皮，ヒレ，うろこをきれいにとり，ひと口大に切る。海老芋はねじり剥きにする。
③ 棒鱈と海老芋を銅鍋に入れ，ひたひたの水から強火でゆがく。
④ 沸いたら水でさらす。
⑤ 2度繰り返したら，完全に水を切り，だし汁，砂糖，うすくちしょうゆを入れ，強火から炊き，沸騰してきたら弱火で6時間炊く。その間，煮汁が減ってくるので，水と前回炊き上げた鍋の煮汁(古汁)を足しながら味の調節をしていく。

# 4 牛すじとごぼうのさんしょう煮込み

コラーゲン1人分 3.7 g

| 材　　料 | 分量（2人分） | 材　　料 | 分量（2人分） |
|---|---|---|---|
| 牛すじ | 150 g | さんしょうの実 | 少々 |
| ごぼう | 1本 | （A）黒砂糖 | 小さじ2 |
| 長ねぎ | 1本 | 　　しょうゆ | 大さじ1 |
| サラダ油 | 大さじ1 | 　　みりん | 大さじ1 |
| 水 | 適宜 | 青ねぎ | 少々 |
| 酒 | 大さじ2 | | |

## 【つくり方】

① 牛すじをたっぷりの湯でさっと茹で，ざるにあげ汚れを流水で洗い流す。
② ごぼうの皮を包丁の背でこそげ落とし，乱切りにし水につけておく。長ねぎは5 cm丈に切る。
③ サラダ油を熱し，長ねぎ，牛すじの順に加え，全体に油がまわるまで炒める。
④ 全体に油がまわったら材料がかぶる位の水を入れ，酒，さんしょうの実を加え弱火で2時間ほど煮込む。その間，あくはていねいにとり除き水は随時入れる。
⑤ ごぼうを入れて20分たったら，（A）の調味料を黒砂糖，しょうゆ，みりんの順に入れ全体に味がなじむまでさらに煮込む。
⑥ 器に盛りつけ，青ねぎを散らす。

## 5 鶏手羽先と新じゃがいものはちみつ煮

| コラーゲン1人分 1.5g ||||
|---|---|---|---|
| 材　料 | 分量（2人分） | 材　料 | 分量（2人分） |
| 若鶏肉手羽 | 5〜6本 | しょうゆ | 大さじ1 |
| 長ねぎ | 1/3本 | 新じゃがいも | 小10個 |
| しょうが | 1片 |  | （1個15g程度） |
| 水 | 1カップ | サラダ油 | 適宜 |
| 酒 | 大さじ1 | きぬさや | 6枚 |
| はちみつ | 小さじ2 |  |  |

### 【つくり方】

① 若鶏肉手羽の表面が白くなる程度にたっぷりの湯で火を通し，表面の汚れをとっておく。
② 臭み消し用の長ねぎ，しょうがをぶつ切りにする。
③ 鍋に水，酒を入れ沸かし，若鶏肉手羽を入れる。およそ5分たったらはちみつ，しょうゆを入れ，さらに10分ほど弱火で煮込む。
④ ③の間に，新じゃがいもをよく洗い，水気をふきとってからじっくりと中まで火が通るようにサラダ油で揚げておく。きぬさやも茹でておく。
⑤ ③の煮汁に少々粘度が出てきたら，新じゃがいもを絡める。
⑥ 器に盛りつけ，きぬさやを飾る。

## 2.2 動物性たんぱく質との組み合わせ料理

### 1 ふかひれ入り酸辛湯（サンラータン）

| 材　　料 | 分量（2人分） |
|---|---|
| コラーゲン1人分5.0g ||
| 水 | 400 mL |
| ふかひれ | 10 g |
| きくらげ | 3 g |
| しいたけ | 1枚 |
| （中華スープ）若鶏皮 | 50 g |
| 　　　　　　　長ねぎ（青い部分） | 適量 |
| 　　　　　　　しょうが | 1片 |
| 塩 | 少々 |
| しょうゆ | 小さじ2 |
| 酢 | 大さじ1 |
| かたくり粉 | 小さじ2 |
| 　水 | 小さじ2 |
| 鶏卵 | 1個 |
| こしょう | 少々 |
| 青ねぎ | 少々 |

## 【つくり方】

① ふかひれを水にほぐし入れ，鍋を火にかけて30分程茹でる。
② きくらげをぬるま湯で戻し，しいたけを千切り，青ねぎを小口切りにする。
③ 中華スープをとる。鍋に若鶏皮，長ねぎ，しょうがを入れ火にかける。あくをていねいにすくいとり，5分程煮て，ざるでこす。
④ 鍋に中華スープを沸かし，しいたけ，きくらげ，ふかひれを加えひと煮立ちしたら塩，しょうゆ，酢で調味し，水で溶いたかたくり粉でとろみをつける。とろみがついたら火を止め，溶き卵を回し入れひと混ぜし，鍋のふたを閉め余熱で卵に火を入れる。
⑤ こしょうを入れた器に盛りつけ，小口に切った青ねぎを散らす。

# 2 白きくらげ入り杏仁豆腐（アンニンドウフ）

| コラーゲン1人分 1.8 g ||||
|---|---|---|---|
| 材料 | 分量（2人分） | 材料 | 分量（2人分） |
| 白きくらげ | 2 g | 杏仁霜 | 12 g |
| くこの実 | 少々 | （シロップ） | |
| 牛乳 | 200 mL | 水 | 100 mL |
| 生クリーム | 40 mL | 砂糖 | 小さじ2 |
| ゼラチン | 4 g | レモン汁 | 小さじ1 |
| 砂糖 | 小さじ2 | | |

## 【つくり方】

① 白きくらげを水で戻し，いしづきをとり除き小さく切る。くこの実を水と生クリームで戻す。
② 牛乳を温め（沸騰させないように），火を止めたらゼラチンを入れて溶かす。完全に溶けたら砂糖を加える。
③ 杏仁霜に牛乳を少量ずつ入れて溶かし，ボールまたは器に流し入れ，粗熱がとれたら冷蔵庫に入れ，冷やして固める。
④ シロップをつくる。水に砂糖を加え，火にかける。きくらげを入れてやわらかくなるまで煮る。粗熱がとれたらレモン汁を入れて冷やしておく。
⑤ ③を器に盛りつけ，シロップをかけ，くこの実を飾る。

## 3 茶碗蒸ししょうがあんかけ

| 材　　料 | 分量（2人分） | 材　　料 | 分量（2人分） |
|---|---|---|---|
| 鶏卵 | 1個 | （あん） | |
| だし汁 | 150 mL | 　だし汁 | 40 mL |
| 塩 | 1.5 g | 　うすくちしょうゆ | 小さじ2/3 |
| みりん | 小さじ1 | 　しょうが | 6 g |
| 若鶏肉 | 30 g | 　（生しょうが汁） | |
| しいたけ | 10 g | 　ゼラチン | 0.4 g |
| みつば | 6 g | | |

コラーゲン1人分 0.5 g

### 【つくり方】

① 溶き卵，だし汁，塩，みりんを混ぜ合わせる。
② 若鶏肉をひと口大のそぎ切り，しいたけを飾り切り（十文字），みつばを2〜3cm丈に切る
③ 器に，若鶏肉，しいたけを入れ，①の卵液を入れる。
④ 蒸気が上がった蒸し器に入れ，強火2分，弱火10〜13分程蒸す。蒸し上がったところへみつばを入れ，予熱で火を通す。
⑤ 別の鍋に，だし汁，うすくちしょうゆを入れて温め，しょうがを加え，ゼラチンを加え溶かす。とろみが出るまで冷ます。
⑥ 蒸し上がった茶碗蒸しの粗熱がとれたら，⑤のあんをかけてでき上がり。

# 4 抹茶づくしババロア

| 材　　料 | 分量（4人分） |
|---|---|
| コラーゲン1人分 3.2 g ||
| （生地）鶏卵 | 2個 |
| 　　　　グラニュー糖 | 70 g |
| 　　　　バター | 20 g |
| 　　　　牛乳 | 15 mL |
| 　　　　薄力粉 | 54 g |
| 　　　　抹茶 | 6 g |
| （ババロア）牛乳 | 200 mL |
| 　　　　　グラニュー糖 | 60 g |
| 　　　　　鶏卵黄 | 40 g |
| 　　　　　板ゼラチン | 6 g |
| 　　　　　抹茶 | 5 g |
| 　　　　　　水 | 10 mL |
| 　　　　　生クリーム | 200 mL |
| （抹茶ゼリー）水 | 150 mL |
| 　　　　　　グラニュー糖 | 20 g |
| 　　　　　　ゼラチン | 8 g |
| 　　　　　　抹茶 | 5 g |

## 【つくり方】（お茶料理研究会提供）

[生　　地]
① ボールに鶏卵を割り，グラニュー糖を加え，少し湯煎にかけて泡立てる。
② バターと牛乳を合わせて，湯煎で温める。薄力粉と抹茶を合わせてふるう。
③ ①にふるった粉を加え，さっくり混ぜる。
④ 温めておいた牛乳にバターを入れ，混ぜて型に流す。
⑤ 160℃で予熱したオーブンで10分焼き，冷めたら5cmのセルクルで抜く。

[ババロア]
① 鍋に牛乳とグラニュー糖のそれぞれ1／3を入れて沸騰させる。
② ボールに鶏卵黄を入れ，ときほぐし，残りのグラニュー糖を加えて，白っぽくなるまですり混ぜる。
③ ①の牛乳を②のボールに少量ずつ加え，ときのばし，なじませたら，残りの牛乳を入れて混ぜる。
④ 鍋に戻し，とろみがつくまで煮詰めて火を止め，氷水（分量外）でふやかしておいた板ゼラチンを入れて溶かす。半分ずつに分け，片方に水で溶かしておいた抹茶を加え，ボールにこして粗熱をとる。
⑤ 生クリームを6分立てにし，半分ずつにして④に加え，なじませる。

[抹茶ゼリー]
① 水とグラニュー糖を火にかけ，沸騰させる。水（分量外）でふやかしておいたゼラチンと抹茶を加え，粗熱をとる。

[仕　上　げ]
セルクルに生地をひき，バニラのババロア，抹茶のババロアの順に入れて，固まったらセルクルからはずす。

# 5 あなごの茶巾寿司

| 材　料 | 分量（2人分） | 材　料 | 分量（2人分） |
|---|---|---|---|
| コラーゲン1人分 4.6g ||||
| 焼あなご | 100g | （合わせ酢） | |
| きゅうり | 1/2本 | 　酢 | 大さじ1 |
| 塩 | 少々 | 　レモン果汁 | 大さじ2/3 |
| ガリしょうが | 20g | 　砂糖 | 大さじ1 |
| みつば | 少々 | 　塩 | 小さじ1/2 |
| （酢飯）こめ | 1カップ | 鶏卵（錦糸卵のシート等でもよい） | 2個 |
| 　　　　酒 | 大さじ1 | | |
| 　　　　こんぶ | 少々 | シートゼラチン | 2枚 |

## 【つくり方】

① あなごを一口大に切る。きゅうりを薄い輪切りにし，塩もみして水気を絞っておく。ガリしょうがを千切りにする。みつばは根を切り，湯をかけてしんなりさせておく。

② 酢飯をつくる。酒とこんぶを入れて炊いたご飯に，合わせ酢を回し入れ，切るように混ぜて冷めたら①を混ぜ合わせる。

③ 薄焼き卵の上にシートゼラチンをのせ，小さめのこぶし大に握ったご飯を包む。みつばで縛り，茶巾をつくる。

## 2.3 植物性たんぱく質との組み合わせ料理

### 1 うなぎ入り湯葉巻き

コラーゲン1人分 1.1 g

| 材　料 | 分量（2人分） | 材　料 | 分量（2人分） |
|---|---|---|---|
| うなぎの蒲焼 | 1/4匹 | だし汁（混合） | 1カップ |
| さやいんげん | 6本 | しょうゆ | 大さじ1 |
| にんじん | 1/8本 | みりん | 大さじ1 |
| 湯葉（平） | 2～3枚 | | |

【つくり方】

① うなぎをひと口大に切る。すじをとったさやいんげんを塩茹でする。にんじんを8cm支程の拍子木切りにして，茹でておく。
② 水で戻した湯葉で，うなぎ，さやいんげん，にんじんを巻き湯葉巻きをつくる。
③ 鍋にだし汁を沸かし，その中へ②を入れ，しょうゆ，みりんを加え煮る。
④ 10分程煮たら，湯葉巻きを半分に切り，中身が見えるように盛りつける。

## 2 牛すね肉とお豆のドライカレー

コラーゲン1人分 2.2 g

| 材　　料 | 分量（2人分） | 材　　料 | 分量（2人分） |
|---|---|---|---|
| 牛すね肉 | 150 g | カレー粉 | 大さじ1 |
| たまねぎ | 1/2個 | トマトペースト | 大さじ1 |
| バター | 大さじ1 | ミックスビーンズ | 100 g |
| 小麦粉 | 大さじ1 | 塩 | 少々 |
| 水 | 適量 | こしょう | 少々 |
| ローリエ | 1枚 | ご飯 | 300 g |
| 固形スープ | 1個 | 刻みパセリ | 少々 |

### 【つくり方】

① 牛すね肉をひと口大に切り，たまねぎを粗めのみじん切りにする。
② 鍋にバターを入れ火にかけてたまねぎをよく炒める。牛すね肉を入れさらに炒め，肉の表面が白っぽくなったら小麦粉を加え炒め，全体にまわったら材料がかぶる程度の水，ローリエを加え弱火で2時間ほど煮込む。あくはこまめにとり除き，水を足しながら煮込む。
③ 牛すね肉がやわらかくなったら，固形スープ，カレー粉，トマトペースト，ミックスビーンズを入れ，水気がなくなるまで煮込む。塩，こしょうで味を調えご飯の上に盛りつけ，刻みパセリを散らす。

## 第2章 コラーゲン・ゼラチンの料理

## ❸ さばの竜田揚げサラダ仕立て〜黒ごまドレッシング〜

| コラーゲン1人分 1.0g ||||
|---|---|---|---|
| 材料 | 分量（2人分） | 材料 | 分量（2人分） |
| さば | 2切れ | みずな | 30g |
| （A）酒 | 大さじ1 | 赤パプリカ | 10g |
| 　　しょうゆ | 大さじ1/2 | （ドレッシング） | |
| 　　しょうが（生 | 少々 | 　練り黒ごま | 大さじ2 |
| 　　しょうが汁） | | 　酢 | 大さじ2 |
| かたくり粉または | 少々 | 　砂糖 | 小さじ1 |
| 　小麦粉 | | 　塩 | 少々 |
| 揚げ油 | 適量 | 　こしょう | 少々 |
| サニーレタス | 1枚 | 　だし汁 | 大さじ1 |

### 【つくり方】

① さばを小さめのひと口大に切り，(A) の調味料に漬けておく。かたくり粉または小麦粉をつけて油で揚げる。
② サニーレタスはひと口大，みずなは3〜4cm丈に切り，一度冷水につけ水気を切っておく。赤パプリカは，種をとり除き薄切りにする。
③ ドレッシングをつくる。練り黒ごまに酢とだし汁を少しずつ入れ溶きのばし，砂糖，塩，こしょうを加えて味を調える。
④ お皿に野菜を盛り，その上にさばを盛りつけて，最後にドレッシングをかける。

# 4 豚肉と厚揚げのカシューナッツ入り炒め

コラーゲン1人分 0.7g

| 材　　料 | 分量（2人分） | 材　　料 | 分量（2人分） |
|---|---|---|---|
| 豚肉（3枚肉） | 120g | 厚揚げ | 1枚 |
| 酒 | 小さじ2 | カシューナッツ | 20g |
| しょうが<br>（生しょうが汁） | 少々 | （A）中華スープ<br>　　オイスター<br>　　　ソース | 大さじ1<br>大さじ1/2 |
| しょうゆ | 小さじ2 | ごま油 | 大さじ1 |
| かたくり粉 | 小さじ2 | | |
| にんにく | 1片 | | |
| きぬさや | 4〜5枚 | | |

## 【つくり方】

① 豚肉は、ひと口大に切り、酒、しょうが、しょうゆで下味をつけ、かたくり粉をまぶしておく。にんにくはみじん切りにする。きぬさやは下茹でする。
② 厚揚げを厚めの短冊に切り、さっと茹でておく。
③ カシューナッツはフライパンまたはオーブンで焼いておく。
④ フライパンにごま油とにんにくを入れ火にかけ、にんにくの香りが出てきたら豚肉を炒め、肉に火が通ったら厚揚げ、カシューナッツを加える。全体に油がまわったら（A）の調味液を加え、全体に調味液がまわったら火を止め、きぬさやをさっと混ぜ合わせ器に盛りつける。

## 5 スモークサーモンと豆腐のムース仕立て

| コラーゲン 1 人分 1.1 g ||
|---|---|
| 材　　料 | 分量（2 人分） |
| スモークサーモン | 40 g |
| 絹ごし豆腐 | 60 g |
| 生クリーム | 40 mL |
| 豆乳 | 60 mL |
| ゼラチン | 2 g |
| 塩 | 少々 |
| こしょう | 少々 |
| パセリ | 少々 |

### 【つくり方】

① スモークサーモン，豆腐をひと口大に切り，生クリームを合わせてミキサーにかける。
② 豆乳を温め，温まったら火を止めてゼラチンを溶かす。
③ 塩，こしょうで味を調える。
④ ①に②を加え，器に流し入れ，冷蔵庫で冷やし，固める。
⑤ パセリ等の飾りを添えてでき上がり。

## 2.4 野菜類・果汁・果実との組み合わせ料理

### 1 スモークサーモンのサラダゼリードレッシング添え

コラーゲン 1 人分 0.9～1.6 g

| 材　料 | 分量（2人分） | 材　料 | 分量（2人分） |
|---|---|---|---|
| （ドレッシング） |  | 粉ゼラチン | 小さじ1/2～1 |
| 　しょうゆ | 小さじ2 | ベビーリーフ | 30 g |
| 　みりん | 小さじ2 | かいわれだいこん | 1/2パック |
| 　洋風だし* | 50 mL | ミニトマト | 40 g |
| 　白ワインビネガー | 大さじ1 | スモークサーモン | 60 g |

＊固形スープを溶かしたもの

【つくり方】

① ドレッシングをつくる。粉ゼラチン以外の材料を混ぜ合わせ，鍋で沸騰させないように温める。水（分量外）に振り入れ，膨潤させておいた粉ゼラチンを加え溶かし，ボール等に入れ，冷やし固める。
② ベビーリーフをよく洗い，かいわれだいこんの根を落としてから半分の丈に切り，合わせて冷水につけ，水気をよく切っておく。ミニトマトを半分に切っておく。
③ お皿にスモークサーモン，水気の切れた野菜を盛りつけ，半分に切ったミニトマトを添え，①のドレッシングをくずし，上に散りばめる。

## 2 なまこときゅうりの酢の物

| コラーゲン1人分 0.2 g ||
|---|---|
| 材　　料 | 分量（2人分） |
| なまこ | 60 g |
| きゅうり | 1本 |
| 塩 | 少々 |
| （三杯酢）砂糖 | 小さじ2 |
| 　　　　　しょうゆ | 小さじ1 |
| 　　　　　酢 | 大さじ2 |
| みょうが | 少々 |

【つくり方】

① なまこをよく洗い，薄切りにする。
② きゅうりを薄い輪切りにし，塩もみし水気を切っておく。
③ みょうがを刻んでおく。
④ なまこときゅうりを三杯酢で合わせ，みょうがを添える。

## 3 トマトと野菜のコンソメ寄せ

| 材　　料 | 分量（2人分） |
|---|---|
| コラーゲン1人分 2.5 g | |
| トマトジュース | 40 mL |
| 　ゼラチン | 1 g |
| 野菜ジュース（緑） | 40 mL |
| 　ゼラチン | 1.4 g |
| ブイヨン | 160 mL |
| 　ゼラチン | 3 g |
| パセリ等 | 少々 |

### 【つくり方】

① トマトジュース，野菜ジュースをそれぞれ温め，それぞれにゼラチンを入れ溶かす。
② バット等に入れ，冷やし固める。固まったら細の目に切り，型に入れる。
③ ブイヨンを温め，ゼラチンを入れて溶かす。溶けたら，とろみがついてくるまで撹拌しながら冷まし，冷めたら②の型に流し込む。冷蔵庫に入れ，冷やし固める。
④ 固まったら型からとり出し，器に盛りつけパセリ等を添える。

# 4 オレンジゼリーのアールグレー風味

| コラーゲン 1 人分 1.8 g ||
| --- | --- |
| 材　　料 | 分量（2人分） |
| 紅茶液（アールグレー） | 100 mL |
| 砂糖 | 6 g |
| オレンジ | 2個* |
| 板ゼラチン | 2枚 |
| ミントの葉 | 2枚 |

＊1個は果肉，1個は果汁（100 mL）で使用

## 【つくり方】

① 濃いめの紅茶を淹れて砂糖を溶かし，冷ましておく。粗熱がとれたら冷凍庫へ入れる。
② 果肉用オレンジの皮をむいて果肉をとる。果汁用オレンジを搾り果汁をとる。
③ 板ゼラチンをたっぷりの水（分量外）に3分程浸ける。
④ 果汁を温め（60〜70℃程度でよい），沸騰前に火を止め，板ゼラチンを入れる。
⑤ ゼラチンが溶けたら，粗熱をとり，果肉を入れ，ボールに移して冷蔵庫へ入れ30〜1時間程冷やして固める。
⑥ 器に，⑤と①を盛りつけ，ミントの葉を飾る。

# 5 白桃と白ワインゼリー

| コラーゲン1人分 1.8 g ||
|---|---|
| 材　　料 | 分量（2人分） |
| 白桃缶　果肉 | 40 g |
| 　　　　シロップ | 70 mL |
| 湯 | 70 mL |
| ゼラチン | 4 g |
| 白ワイン | 70 mL |
| ミントの葉 | 2枚 |

## 【つくり方】

① 白桃缶を果肉とシロップに分けておく。
② 湯の中にゼラチンを入れ，完全に溶かす。
③ 白ワイン，シロップを入れ混ぜ合わせ，バットに流し入れ冷やし固める。
④ 果肉を食べやすい大きさに切り器に盛る。
⑤ ③をスプーンで崩し器に入れ，ミントの葉を飾る。

## 2.5 保水性・保型性を活かしたとろみ調整食品と嚥下用食品

### 1 白身魚のおろしあんかけ

| 材　料 | 分量（2人分） | 材　料 | 分量（2人分） |
|---|---|---|---|
| 白身魚 | 2切れ | 酒 | 大さじ1 |
| 塩 | 少々 | だいこん | 100 g |
| こしょう | 少々 | ゼラチン | 2 g |
| こんぶ | 少々 | ポン酢 | 大さじ1 |

コラーゲン1人分 皮あり1.8 g／皮なし1.6 g

**【つくり方】**

① 白身魚に塩，こしょうで下味をつける。
② 皿にこんぶを敷き，その上に魚をのせ，酒をふる。
③ 蒸し器で蒸す。
④ 蒸している間に，だいこんおろしをつくり，だいこんおろしとポン酢を鍋に入れて温める。
⑤ ③にゼラチンを入れ，溶かし，とろみが出るまで冷ましておく。
⑥ 蒸し上がったら④をかけてでき上がり。

## 2 おもてなしの寿司料理

| コラーゲン1人分 2.6g ||||
|---|---|---|---|
| 材　料 | 分量（1人分） | 材　料 | 分量（1人分） |
| 酢 | 5 mL | ほたて貝柱 | 20 g |
| 砂糖 | 3 g | 　だし汁 | 小さじ1～2 |
| 塩 | 0.3 g | （炒り卵）鶏卵 | 10 g |
| 全粥 | 200 g | 　　　　　砂糖 | 少々 |
| ゼラチン寒天 | 2.4 g | 　　　　　塩 | 少々 |
| （1.2％濃度） |  | 　　　　　だし汁 | 小さじ1～2 |
| ねぎとろ | 30 g | うに | 10 g |
| 　だし汁 | 小さじ1～2 | そぼろ | 3 g |
|  |  | 青のり | 少々 |

### 【つくり方】

① 酢，砂糖，塩を合わせ火にかける。
② 炊きあがった全粥に①とゼラチン寒天を入れ，よく混ぜ合わせて，半月型と四角い深めの容器に流し入れ，冷やし固める。
③ ねぎとろ，ほたて貝柱のそれぞれにだし汁を入れ，ミキサーにかけてペースト状にする。
④ 炒り卵をつくる。鶏卵に砂糖，塩を入れて炒る。だし汁を加え，ミキサーにかけてペースト状にする。
⑤ 固めた全粥を適宜な形にし，ねぎとろ，ほたて貝柱，卵，うに，そぼろ，青のりをのせ，きれいに盛りつける。

## 3 えびムースゼリー

| コラーゲン１人分 1.9 g ||
|---|---|
| 材　　料 | 分量（２人分） |
| えび | 100 g |
| 生クリーム | 100 mL |
| 牛乳 | 50 mL |
| 塩 | 小さじ1/3 |
| こしょう | 少々 |
| ゼラチン | 3 g |
| 水 | 大さじ1 |
| 湯 | 大さじ2 |

【つくり方】

① えびは背わたをとりゆでる。

② えび，生クリーム，牛乳，塩，こしょうをミキサーにかける。

③ 水で膨潤させておいたゼラチンを湯で溶かす。

④ ③を②に入れ，型に流し込み冷やして固める。

# 4 そうめん寄せ

コラーゲン 1 人分 2.9 g

| 材　　料 | 分量（2人分） | 材　　料 | 分量（2人分） |
|---|---|---|---|
| だし汁 | 400 mL | そうめん | 50 g |
| しょうゆ | 大さじ 1 | （あん） | |
| みりん | 大さじ 1/2 | 　だし汁 | 100 mL |
| ゼラチン | 6 g | 　でんぶ | 少々 |
| しょうが | 少々 | 　炒り卵 | 鶏卵 1 個分 |
| （生しょうが汁） | | 　かたくり粉 | 2 g |

## 【つくり方】

① だし汁，しょうゆ，みりんを一度沸かし，水（分量外）で膨潤させておいたゼラチンを入れ溶かす。粗熱がとれたらしょうがを入れる。
② そうめんをたっぷりの湯（分量外）で茹でる。
③ ①と②を流し型に入れ，冷やし固める。
④ あんをつくる。だし汁，でんぶ，炒り卵を一度沸かし，かたくり粉でとろみをつける。
⑤ ③を切り，その上にあんをかける。

## 5 やわらか抹茶ゼリー

| コラーゲン1人分 1.4 g ||
|---|---|
| 材　料 | 分量（2人分） |
| 抹茶 | 4 g |
| 湯 | 300 mL |
| ゼラチン | 3 g |

【つくり方】

① 抹茶を湯で溶かす。

② ①に水（分量外）で膨潤させておいたゼラチンを溶かし入れる。

③ とろみがついたらいただく。

## ❻ とろりみそスープ

| 材　料 | 分量（2人分） |
|---|---|
| コラーゲン1人分 1.6 g ||
| だし汁 | 300 mL |
| むきしじみ | 20 g |
| 豆腐 | 60 g（約1/6丁） |
| みそ | 大さじ2弱 |
| ゼラチン | 3 g |
| かいわれだいこん | 10 g |

### 【つくり方】

① だし汁にむきしじみを入れ，一度沸いたら豆腐を加えてみそを溶き入れる。

② 水（分量外）で膨潤させておいたゼラチンを溶かし入れ，とろみがついたところでかいわれだいこんを添える。

## 7 かぼちゃの冷製ポタージュスープ

| コラーゲン1人分 0.9 g |||||
|---|---|---|---|
| 材　料 | 分量（2人分） | 材　料 | 分量（2人分） |
| かぼちゃ | 100 g | 生クリーム | 20 mL |
| たまねぎ | 20 g | 塩 | 少々 |
| 長ねぎ | 10 g | こしょう | 少々 |
| 水 | 200 mL | ゼラチン | 2 g |
| コンソメ | 4 g | 刻みパセリ | 少々 |
| 牛乳 | 100 mL | | |

### 【つくり方】

① かぼちゃの種をとり除き，皮をむき，ひと口大に切る。
② たまねぎ，長ねぎをスライスし，①といっしょに鍋に入れ，水にコンソメを加え茹でる。
③ かぼちゃが煮えたら，鍋を火からおろして粗熱をとる。
④ ミキサーにかける。
⑤ 鍋に戻し，牛乳，生クリームを入れて火にかける（沸騰前に火を止める）
⑥ 塩，こしょうで味を調え，ゼラチンを入れて溶かす。
⑦ 冷やしてから器に盛りつけ，刻みパセリを飾る。

## コラーゲンを含む料理の栄養評価

　たんぱく質を含む食品評価法のひとつにアミノ酸スコアがある。コラーゲンはトリプトファンがないためにアミノ酸スコアが「0」となる。しかし，ほかのたんぱく質食品と同時に摂取すると栄養改善できる。

　例として，メニューに掲載した料理例のひとつであるかぼちゃの冷製ポタージュスープのアミノ酸スコアを計算してみよう。

《算出の手順》

① 食品成分表から各材料中のたんぱく質量を算出する。
② 食品成分表から各材料中の全窒素量（N量）を算出する。
③ 対象料理の使用材料重量ごとの全窒素量中のアミノ酸組成を算出する。
④ 各アミノ酸の合計を算出し，FAO/WHO1973年窒素あたりの必須アミノ酸（mg/gN）評点パタンを基準に，アミノ酸ごとの充足率を算出する。
⑤ 最低値をもってアミノ酸スコアとし，最低値（最低値が100を上回る場合のアミノ酸スコアは通例100としている）を示すアミノ酸を「第1制限アミノ酸」として評価する。

〔計算例　かぼちゃの冷製ポタージュスープ〕

| 材　料 | 分量（1人分） | 材　料 | 分量（1人分） |
|---|---|---|---|
| 西洋かぼちゃ | 50 g | 生クリーム | 10 mL |
| たまねぎ | 10 g | 塩 | 少々 |
| 長ねぎ | 5 g | こしょう | 少々 |
| 水 | 100 mL | ゼラチン | 1 g |
| コンソメ | 2 g | 飾りパセリ | 少々 |
| 牛乳 | 50 mL | | |

## 第2章　コラーゲン・ゼラチンの料理

【手順】

1. メニューに用いる各材料重量に含まれるたんぱく質量およびN量を算出する。

    食品100gあたりのたんぱく質量（g）は，改良ケルダール法によって定量した窒素量に，「窒素－タンパク質換算係数」（日本食品標準成分表2010　文部科学省科学技術・学術審議会　資源調査分科会　平成22年12月発行　p.13）を乗じて算出する。

    かぼちゃのスープ（1人分）の各材料100gあたりのたんぱく質量（g）と算出に用いた窒素換算係数は，下記のようになる。

    |  | たんぱく質量（g） | 窒素換算係数 |
    |---|---|---|
    | ゼラチン | 87.6 | 6.25 |
    | 西洋かぼちゃ | 1.9 | 6.25 |
    | たまねぎ | 1.0 | 6.25 |
    | 長ねぎ | 0.5 | 6.25 |
    | 牛乳 | 3.3 | 6.38 |
    | 生クリーム（乳脂肪） | 2.0 | 6.38 |

2. 材料ごとの必須アミノ酸組成の一覧表を作成する（たんぱく質素材の必須アミノ酸組成（食品成分表2010）を使用した）。

    ここで，フェニルアラニンを摂取すれば体内でチロシン（非必須アミノ酸）が合成され，メチオニンからシスチン（非必須アミノ酸）が合成される。したがってフェニルアラニンとチロシン，メチオニンとシスチンの合計量として計算される。

表1 食品成分表から書き出した食品可食部の全窒素1gあたりの必須アミノ酸量（mg/全窒素1g）

|  | 略号 | ゼラチン | 西洋かぼちゃ | たまねぎ | 長ねぎ | 牛乳 | 生クリーム（乳脂肪） |
|---|---|---|---|---|---|---|---|
| イソロイシン | Ile | 78 | 210 | 110 | 170 | 340 | 330 |
| ロイシン | Leu | 180 | 330 | 210 | 300 | 620 | 600 |
| リシン | Lys | 250 | 290 | 250 | 290 | 520 | 500 |
| メチオニン＋シスチン | Met＋Cys | 49 | 200 | 170 | 170 | 230 | 260 |
| フェニルアラニン＋チロシン | Phe＋Tyr | 160 | 310 | 250 | 310 | 540 | 550 |
| トレオニン | Thr | 110 | 170 | 110 | 190 | 260 | 270 |
| トリプトファン | Trp | 0 | 59 | 64 | 57 | 83 | 97 |
| バリン | Val | 160 | 240 | 130 | 240 | 410 | 390 |
| ヒスチジン | His | 44 | 130 | 100 | 91 | 180 | 190 |

3．かぼちゃの冷製ポタージュスープ（1人分）に含まれる各材料の使用重量を乗じて，N量（g）とその中に含まれる必須アミノ酸量を算出する。

|  | ゼラチン | 西洋かぼちゃ | たまねぎ | 長ねぎ | 牛乳 | 生クリーム（乳脂肪） | 総計 |
|---|---|---|---|---|---|---|---|
| 材料使用量（g） | 1 | 50 | 10 | 5 | 50 | 10 |  |
| N量（g） | 0.14 | 0.152 | 0.016 | 0.004 | 0.259 | 0.031 | 0.602 |
| イソロイシン | 10.92 | 31.92 | 1.76 | 0.68 | 88.06 | 10.23 | 143.57 |
| ロイシン | 25.2 | 50.16 | 3.36 | 1.2 | 160.58 | 18.6 | 259.1 |
| リシン | 35 | 44.08 | 4 | 1.16 | 134.68 | 15.5 | 234.42 |
| メチオニン＋シスチン | 6.86 | 30.4 | 2.72 | 0.68 | 59.57 | 8.06 | 108.29 |
| フェニルアラニン＋チロシン | 22.4 | 47.12 | 4.96 | 1.24 | 139.86 | 17.05 | 232.63 |
| トレオニン | 15.4 | 25.84 | 3.04 | 0.76 | 67.34 | 8.37 | 120.75 |
| トリプトファン | 0 | 8.968 | 0.912 | 0.228 | 21.497 | 3.007 | 34.612 |
| バリン | 22.4 | 36.48 | 3.84 | 0.96 | 106.19 | 12.09 | 181.96 |
| ヒスチジン | 6.16 | 19.76 | 1.6 | 0.364 | 46.62 | 5.89 | 80.394 |

4. アミノ酸スコアを算定し制限アミノ酸を評価する。

| | 重量総計<br>（1人分） | 1973年<br>評定パタン | アミノ酸<br>スコア<br>算定結果 | |
|---|---|---|---|---|
| N量（g） | 0.602 | 1gNあたり<br>mg/gN | | |
| イソロイシン | 143.57 | 238.49 | 250 | 95 |
| ロイシン | 259.1 | 430.4 | 440 | 98 |
| リシン | 234.42 | 389.4 | 340 | 100（114） |
| メチオニン<br>＋シスチン | 108.29 | 180 | 220 | 82 | 第2制限<br>アミノ酸 |
| フェニルアラニン<br>＋チロシン | 232.63 | 386.4 | 380 | 100（101） |
| トレオニン | 120.75 | 200.6 | 250 | 80 | 第1制限<br>アミノ酸 |
| トリプトファン | 34.612 | 57.5 | 60 | 96 |
| バリン | 181.96 | 302.3 | 310 | 98 |
| ヒスチジン | 80.394 | 133.5 | ― | |
| ヒスチジンを除く | | | 2,250 | |

# 第 3 章

# 食品のゲル化とテクスチャー

　ゼラチンは加熱水に溶けるが，その溶液を冷やすと固まる。この固まる作用を「ゲル化」と呼んでいる。ゲル化して固まったゼラチンは，熱を与えられると再び溶けるのが特徴である。豆腐，ハム，ソーセージ，かまぼこなどはいずれもたんぱく質が主原料で，加熱により凝固した食品である。しかしこれらの食品は，ゼラチンからつくられた食品と異なり，再加熱しても溶けない。

　私たちは食品に対して「かみ切れない」「口あたりがよい」「トロミがある」「プリンプリンしている」などと表現することが多い[1]。そのような食品にはゲル化状態のものが多いことから，まとめて「ゲル化食品」と呼んでいる。ゲル化食品の中心技術はゲルテクノロジーである。高齢化が進む今日，嚥下障害に苦しむ人が増えて社会的問題になっているが，ゲルテクノロジーは，食品を通してそのような人たちを支援することができる。

　この章ではゲル化について考察し，最後にゼラチンの特性を紹介する。

## 3.1 どのような食品がゲル化食品と呼ばれているか

　日本には古くから，豆腐やはんぺん，ところてんなど，農産物・水産物などを調理加工したゲル化状態の食品や料理があった。しかし，比較的近年になると食事の洋風化が進み，畜産物からつくられる乳製品や牛乳などを利用した洋菓子が多数開発されて，プリン，ババロア，マシュマロ，ゼリーなどが人気商品となった。それらのゲル化食品の原料と，食品または料理の名称例を表II－3－1に示す。

　例えば牛乳は，カゼイン，$\beta$-ラクトグロブリン，$\alpha$-ラクトアルブミンなどのたんぱく質を含んでいる。この中でカゼインたんぱく質は，たんぱく質分解酵素キモシンの働きによって牛乳中で凝固す

表II－3－1　ゲル化食品の原料と食品または料理の名称

| 原　　料 | ゲル形成 | 食品または料理の名称 |
|---|---|---|
| ゼラチン | ゲル化剤 | ゼリー |
| 寒　　天 | ゲル化剤 | 水ようかん，ところてん，ゼリー |
| ペクチン | ゲル化剤 | ジャム |
| 大　　豆 | たんぱく質 | 豆腐，生湯葉 |
| 小　　麦 | たんぱく質 | パン，麺，生麩，焼き麩 |
| 畜　　肉 | たんぱく質 | ハム，ソーセージ |
| 魚　　肉 | たんぱく質 | かまぼこ，ちくわ，はんぺん |
| 鶏　　卵 | たんぱく質 | スフレ，メレンゲ，茶碗蒸し，プディング |
| 牛　　乳 | たんぱく質 | チーズ，ヨーグルト |

ることによって，チーズができることはよく知られている。また，殺菌した牛乳や脱脂乳に加えられた乳酸菌は，牛乳中の乳糖をゆっくり分解して乳酸を生成する。この乳酸によって発酵乳のpHが低下し，カゼインの等電点まで下がると牛乳は凝固してヨーグルトになる。乳酸菌の働きは緩やかな酸生成を伴い，カゼインのカードは微細化して，食べたときに胃の中での消化がよいなどの利点がある。

## 3.2 食品におけるゲルの形成

　ゲル化食品をつくるための操作は，通常加熱から始まる。加熱によって素材中のたんぱく質やでん粉の分子が活性化され，溶液はゾ

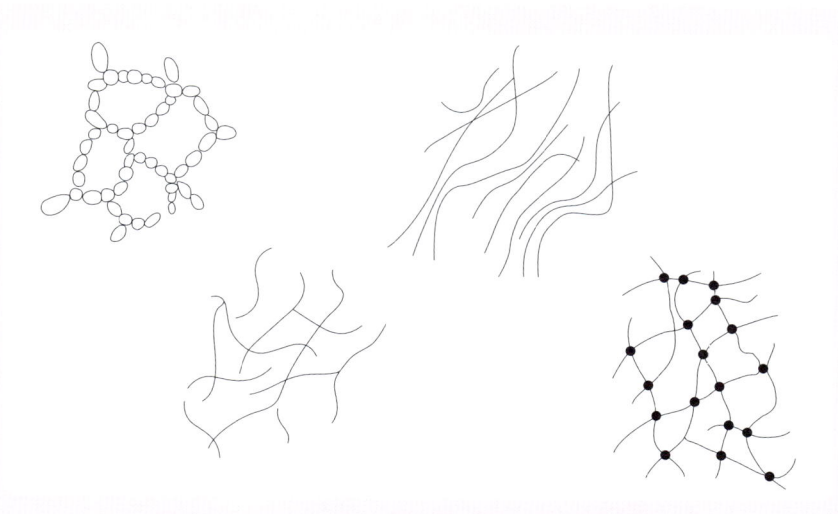

図Ⅱ-3-1　ゲルを形成するたんぱく質の絡み合い

ル状態になる。このゾル化したたんぱく質溶液の濃度，pH，温度などを適切に調整すると，分子間に共有結合や非共有結合（イオン結合，水素結合，疎水結合など）が働き，たんぱく質の分子間ないし分子内に相互作用が発生してゲル化が起こると考えられている。すなわちゲルは，高い密度のたんぱく質が化学変化によって凝集し，絡み合い，分子の配向などによってゾルから転移したものであるので，たんぱく質濃度は一定以上を必要とする[2]。

## topics! ゲル化剤の特性

　食べ慣れた食品や食材に寒天・ペクチン・ゼラチンなどのゲル化剤を添加すると，別の食品に仕上がる。そのおいしさは，元の食品・食材とは異なる。

　寒天は，溶けた溶液（ゾル）を冷却するとガラクタン分子が会合し，網目構造のゲルを形成する。このゲルは，加熱すると再びゾルにもどる。

　ペクチンは，ジャムのゲル化剤として古くから利用されてきたが，液状発酵乳の乳たんぱく質の凝集防止のために使われることが多くなっている。

　一方ゼラチンは，溶解温度・ゲル化温度・ゲル融解温度が低い熱可逆性のゲルを形成する。これは，口腔内で体温によって容易に溶け，食感（テクスチャー）がよいという食品の特性に結びつく。0.6％のサメゼラチンゲルを示差走査熱量計で測定すると，融解ピーク温度21.8℃，融解終了温度約30℃という結果が得られている[3]。

## 3.3 ゲル化食品のテクスチャー

　食品がもつきめの細かさ，手触りなどの質感は，食品の成分が感覚に訴える重要な機能である。それに嗜好性が加わり，感覚受容要素のひとつを構成する。この感覚受容要素は，食感（テクスチャー）と呼ばれ，食品が咀嚼のプロセスで起こす物理的な刺激に対する感覚の応答である。

　食品による物理的刺激に触覚が応答して生じるテクスチャーは，官能的なものであって，科学的に評価することは困難であると考えられてきた。しかし，Szcensniak[4]が提案したテクスチャープロフィールは，テクスチャーを，機械的に測定することが可能な要素に分類したとして評価されている。すなわち，テクスチャーの力学的特性は，かたさ・凝集性・粘度・弾性・粘着性の一次特性と，凝集性をさらに分類した，もろさ・咀嚼性・ガム性の二次特性に分類される。

　テクスチュロメーター（アメリカ・ゼネラルフーズ社製）とインストロンユニバーサル・テスティングマシン（アメリカ・バーン社製）は広く利用され，その測定値は官能検査による主観的測定と高い相関が得られている。

　川端[5]は，東京農業大学の学生を対象に，ゲル化食品のテクスチャーを評価するために最適な表現に関するアンケートを行い，8項目を抽出した。

① しっかりしている　　プリンプリンしている
② なめらかでない　　　なめらかである
③ くずれにくい　　　　くずれやすい
④ かたい　　　　　　　やわらかい
⑤ 歯切れがわるい　　　歯切れがよい
⑥ 弾力性がない　　　　弾力性がある
⑦ 口どけがわるい　　　口どけがよい
⑧ のどごしがわるい　　のどごしがよい

　そして，ヨーグルト・プレーンヨーグルト・プリン・カスタードプリンの4品について，嗜好性を含めた食感を表す表現を求めたところ，食品によって異なる結果を得た。すなわち，ヨーグルトでは「口どけがよい」「のどごしがよい」「なめらかである」が高い評点を得た。プレーンヨーグルトは，ヨーグルトとほぼ同じ傾向がみられたが，「やわらかい」が特に望まれた。プリンでは，「弾力性がある」「のどごしがよい」「なめらかである」が高い評点を得た。しかし，カスタードプリンの場合は，「弾力性がある」「なめらかである」の項目に対しては評価点が低かった。

## 3.4 プリンの香りとテクスチャーの研究

　ゲル化剤・甘味原料・香料などの成分の質と量は，テクスチャー・甘さ・香りなどに大きな影響を与える。ここではプリンを例にとってそれを紹介する[6]。

### 1 原料配合

| 1 kg あたり | |
|---|---|
| UHT 脱脂乳 | 831 g |
| クリーム | 50 g |
| 香　料 | 0.072 g |
| でん粉 | 17 g |
| カラギーナン | 2 g |
| ショ糖とカラギーナン添加量 | |
| ショ　糖 | 25 g と 100 g |
| カラギーナン | κ, ι, λ の 3 タイプ |

当該文献には，100 g のショ糖は高添加量，50 g が通常，カラギーナンは通常 3 タイプを混合する，との説明がある。

## 2 ゲル強度

　試作品のゲル強度は，インストロン 4501 型（アメリカ・インストロン社製）を用いて測定した。その結果，カラギーナンのタイプが異なると，ゲル強度に差が生じた。またショ糖の添加量を変えてもゲルの強さは影響を受けた。

　すなわち，$\kappa$-カラギーナンからつくられたプリンは，かたさが急激に増し，急速にゲルが壊れる傾向を示した。$\iota$-カラギーナンではゆっくりかたさが増した。$\lambda$-カラギーナンのかたさは，$\iota$-カラギーナンプリンより，さらにゆっくり上昇した。測定したゲル強度のプロフィールを図Ⅱ-3-2に示した。

kg あたりのショ糖量
25 g：□ △ ○
100 g：■ ▲ ●
カラギーナンのタイプ
□■：$\kappa$，△▲：$\iota$，○●：$\lambda$

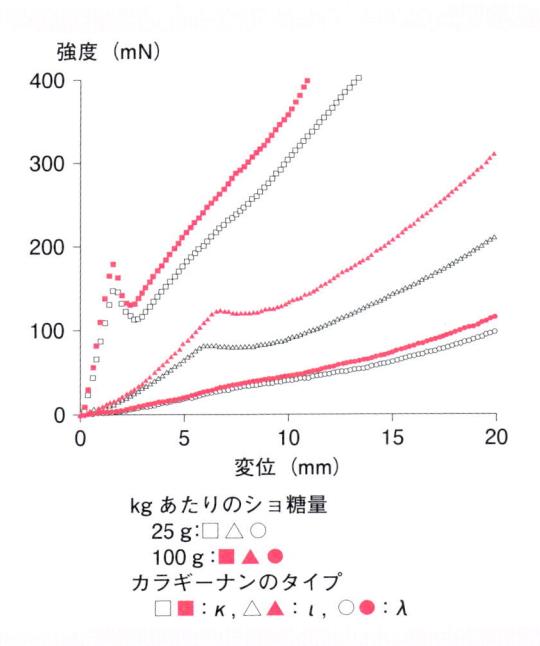

図Ⅱ-3-2　プリンの強度に及ぼすカラギーナンタイプとショ糖量の影響

## 3 香りの強さ

　ショ糖量とカラギーナンタイプの差が，プリンの香りに及ぼす影響を官能評価した．7人のパネリストが6回繰り返し，それらの平均値を求めて，知覚できる香りの強さと時間のプロフィールとして図Ⅱ-3-3に示した．

知覚できる香りの強さ

飲み込み時

時間（s）

kgあたりのショ糖量
25 g：□ △ ○
100 g：■ ▲ ●
カラギーナンのタイプ
□■：κ，△▲：ι，○●：λ

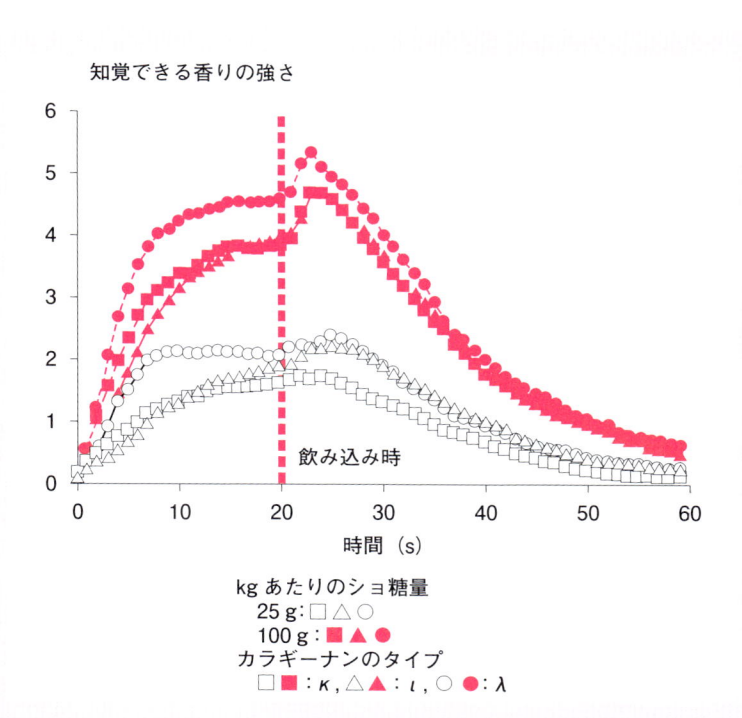

図Ⅱ-3-3　カラギーナンタイプとショ糖量がプリンの香りに及ぼす影響

　ショ糖添加量が100 gの場合，25 gのものよりより香りは強かった．またλ-カラギーナンタイプは，κ-，ι-カラギーナンのものより香りが強かった．

## 4 甘さ

　ショ糖添加量が kg あたり 100 g の場合，カラギーナンタイプによる甘さと甘さの持続について，パネリストによる官能評価を行った。その結果 $\iota$-，$\kappa$-，$\lambda$-カラギーナンのいずれの場合も，飲み込み直後に甘さを知覚するピークが認められた。

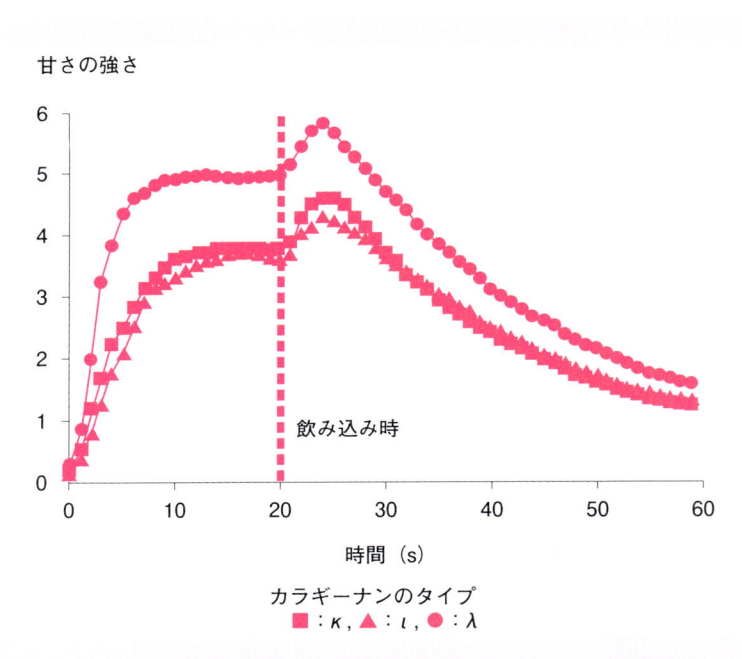

図Ⅱ－3－4　プリンの甘さに及ぼすカラギーナンタイプの影響

## 5 香料成分とフレーバー・リリース

　添加した香料が，プリンの成分により減量する現象を，フレーバー・リリースという。ショ糖添加量とカラギーナンタイプの違いが，4つの香りの成分に及ぼす影響を調べた[6]。

　4つの香り成分である酢酸アミル・ペンタン酸エチル・ヘキサナール・2-ヘキセナールのいずれも，飲み込み直後に香りを強く感受するピークが認められた。この結果から，飲み込みの直後に香りのピークがくる香料成分がプリン香料として好ましいと思われた。

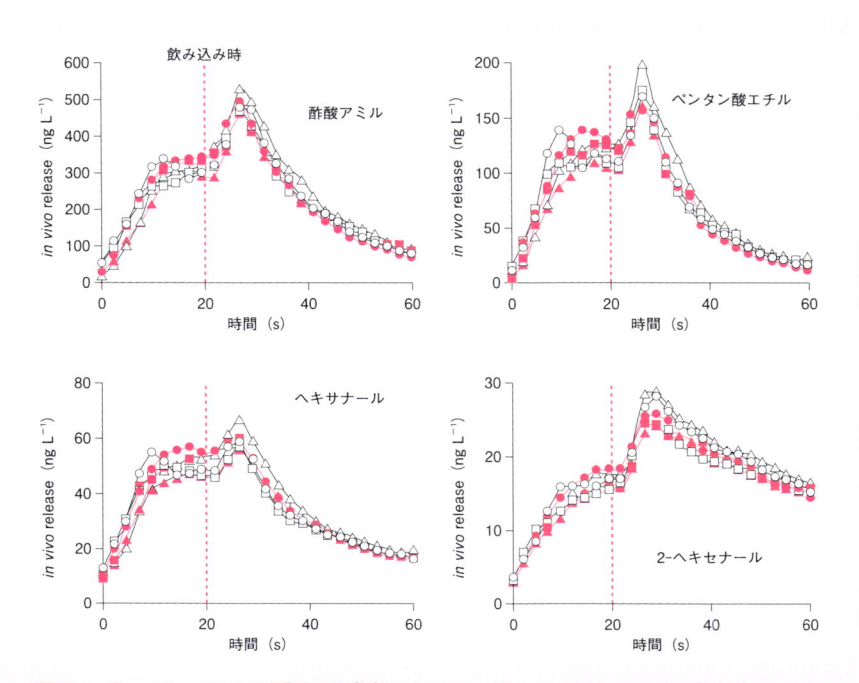

図Ⅱ-3-5　4つの香りの成分のフレーバー・リリースのプロファイル

## 3.5 事例研究－市販プリン－

　プリンは日本人好みの食品のひとつで，市販されている種類も多い。ここでは，プリンのテクスチャーの評価項目に「濃厚感」「なめらかさ」「弾力性」「かたさ」の4つを選択し，いろいろなゲル化剤を混ぜ，さらに甘味原料の種類と量を変化させて試作した3種（Ⅰ・Ⅱ・Ⅲ型）の官能検査結果を紹介する。官能検査は，香料会社の研究員15名で行った（未発表）。

### 1 原料配合

●プリンベース

| | |
|---|---|
| 植物油脂 | 7.0% |
| 脱脂粉乳 | 5.0% |
| ショ糖 | 11.0% |
| レシチン | 0.2% |
| 水 | |

●ゲル化剤の配合量比

| | Ⅰ型 | Ⅱ型 | Ⅲ型 |
|---|---|---|---|
| 配合量（%） | 0.50 | 0.46 | 0.425 |
| 配合比（%） | | | |
| カラギーナン | 10 | 9 | 6 |
| ローカストビーンガム | 34 | 33 | 31 |
| グアーガム | 36 | 38 | 40 |
| 寒　天 | 20 | 20 | 23 |
| （計） | 100 | 100 | 100 |

## 第3章 食品のゲル化とテクスチャー

● 甘味料の配合量比（砂糖11％添加プラス）

|  | Ⅰ型 | Ⅱ型 | Ⅲ型 |
|---|---|---|---|
| 配合量（％） | 2.9 | 2.6 | 2.6 |
| 配合比（％） |  |  |  |
| 果糖・液糖ブドウ糖 | — | 50 | 50 |
| デキストリン | 14 | 50 | 25 |
| でん粉 | — | — | 25 |
| 水あめ | 86 | — | — |
| （計） | 100 | 100 | 100 |

## 2 官能評価

　この3つのプリンについて，「テクスチャーの総合評価」「甘さの強さ」「甘さのよさ」の3項目を官能評価した。「テクスチャーの総合評価」とは，「濃厚感」「なめらかさ」「弾力性」「かたさ」の4項目をまとめ，総合的に評価したものである。結果は表Ⅱ－3－2のとおりである。

表Ⅱ－3－2　3つのゲルのテクスチャーへの効果

|  | テクスチャーの総合評価 | 甘さの強さ | 甘さのよさ |
|---|---|---|---|
| Ⅰ型（対照） | 0 | 0 | 0 |
| Ⅱ型 | 1.06 ± 1.03 * | 1.03 ± 1.28 * | 0.47 ± 1.68 |
| Ⅲ型 | 0.73 ± 1.66 | 0.50 ± 1.45 | 0.72 ± 1.87 |

＊有意差あり

　以上の結果から，「テクスチャーの総合評価」と「甘さの強さ」は，Ⅱ型，Ⅲ型，Ⅰ型の順に好ましいと評価された。

## 3.6 食品用ゼラチンの特性とその選択

　ゼラチンは牛骨，牛皮，豚骨，豚皮，魚鱗，魚皮などを原料としているが，原料の種類や製造法の違いによって水への溶けやすさなどの特性が異なる。また形状についても，板ゼラチン，粉ゼラチン，顆粒ゼラチン等があるため，目的とする食品・料理にもっとも適したゼラチンを選び，その濃度を決めることが大切である。そこでここでは市販ゼラチンの種類をまとめ，その特性を紹介する。

　表Ⅱ-3-3に，豚，牛，魚由来の市販ゼラチンについて，その特徴や，色，臭い，口溶け，ゲル化の程度と商品名をまとめた（資料提供：株式会社ニッピ，ゼラチン事業部；購入方法：ネット通販 http://nippi-shop.com/）。

### 1 ニッピデイリーゼラチンDP

#### ●ニオイが少ない

　十分なアルカリ処理をしたこのゼラチンは，従来の牛由来ゼラチンよりも匂いが少ない。食品に添加した場合，素材のもつ風味を損なわないのでおいしい料理がつくれる。

#### ●コーヒーが濁らない

　牛由来のゼラチンは十分なアルカリ処理を施しているので，コーヒーゼリーをつくっても白濁することはない。しかし豚由来ゼラチンには，酸処理または不十分なアルカリ処理のために白濁するものも多い。このゼラチンは豚由来でありながら，十分なアルカリ処理を行っているので白濁しない。

## 第3章 食品のゲル化とテクスチャー

表Ⅱ-3-3 市販ゼラチンの種類と性状

| 原料由来 | 牛または豚 | 豚 | 牛 | 魚 | 魚 |
|---|---|---|---|---|---|
| 特　徴 | ― | においがとても少ない | 高ゼリー強度 | 低融点 | 常温融解超低融点 |
| 使用量[*1] | 1.00 | 0.95 | 0.75 | 1.05 | 1.20 |
| 溶液の色[*2] | 良　好 | 普　通 | 良　好 | 良　好 | 最　上 |
| におい | 普　通 | 少ない | 普　通 | 普　通 | 普　通 |
| コーヒーの濁り[*3] | 出にくいまたは普通 | 出にくい | 出にくい | 普　通 | 普　通 |
| 口溶け[*4] | 普　通 | 普　通 | 普　通 | 良　好 | 最　上 |
| 常温融解[*5] | 不　可 | 不　可 | 不　可 | 不　可 | 最　上 |
| 商品名 | 通常のゼラチン | デイリーゼラチンDP | デイリーゼラチンDG | デイリーゼラチンDB | 水溶性ゼラチンMAX-F |

注：デイリーゼラチンDP，DG，DB，水溶性ゼラチンMAX-Fはいずれも顆粒状。
\*1　添加量：ゼリー強度160 gのゼラチンの添加量を1.00とした場合。
\*2　水に溶かしたときの色
\*3　コーヒーに溶かしたときの濁り
\*4　ゼリーにしたときの口溶け
\*5　20℃以上での溶けやすさ

### ●膨潤させる必要がなく使い勝手がよい

　50℃のお湯にさっと振り入れて，撹拌するだけで簡単に溶解することができる。膨潤する（ふやかす）必要がないので，膨潤水によって薄くならず，膨潤水による菌の心配がない。

### ●使　い　方

- 50℃以上の液体に加え，撹拌して溶解させる。
- 5 g（大さじすりきり1杯）で360 mLのゼリーがつくれる。
- 小さじすりきり1杯1.7 g，大さじすりきり1杯5.0 gである。

## 2 ニッピデイリーゼラチンDG

### ●高ゼリー強度である

　　固まったときの強さを「ゼリー強度」という。このゼラチンは，通常のゼラチンの2倍のゼリー強度があるので，所定のかたさのゼリーをつくるときに通常のゼラチンよりも添加量を減らしてつくることができる。そのため，ゼリーなどに対するゼラチンの影響（色，におい，粘性等）を低減することができる。

### ●膨潤させる必要がなく使い勝手がよい

　　前記。

## 3 ニッピデイリーゼラチンDB（魚由来ゼラチン）

### ●低融点で口溶けがよい

　　このゼラチンの原料である魚は冷たい水の中で生きているため，牛・豚・人間よりも体温が低いので，ゼリーが液体に変化する融点（溶ける温度）も低くなっている。そのため，このゼラチンでつくられたゼリーは通常のゼラチンでつくられたゼリーに比べて口溶けがよく，味の広がりも早くなっておいしい料理をつくることができる。

### ●膨潤させる必要がなく使い勝手がよい

　　前記。

## 4 水溶性ゼラチン MAX-F（魚由来ゼラチン）

### ●加熱せずに直接溶かせる

通常のゼラチンは約50℃以上に加熱しないと溶解しないが，MAX-Fは20℃以上の液体に直接加えて溶かすことができる，全く新タイプのゼラチンである。

### ●素材を生かした料理ができる

MAX-Fは加熱せずに溶解できるので，食材の味・風味や，アルコール，熱に弱い栄養素を失うことなく，素材をそのままおいしく固めることができる。

### ●超低融点で口溶けがよい

MAX-Fを使って固めた料理は口に入れると体温でサッと溶け，味・風味が口の中に一瞬で広がり口溶けがよい。

### ●調理時間を短縮できる

通常のゼラチンゼリーは60℃ぐらいから冷却して固まるが，MAX-Fは常温から冷却するのでその分だけ早く固まる。そのため加熱溶解する手間だけでなく，固める時間も短縮することができる。

### ●使 い 方

- 20℃以上の液体に直接加え，泡立て器で素早く混ぜ，冷蔵庫で4時間冷やす。混ぜ時間は30℃で約1分，25℃で約2分，20℃で約5分である。
- 5 g（小さじすりきり5杯）で200 mLのゼリーがつくれる。
- 小さじすりきり1杯1.0 g，大さじすりきり1杯3.0 gである。

●参考文献●

1) 早川文代・井奥加奈・阿久澤さゆり・米田千恵・風見由香里・西成勝好・馬場康雄・神山かおる：質問紙法による消費者のテクスチャー語彙調査，食科工，**53**(6)：327〜336（2006）

2) 阿部正彦・村勢則郎・鈴木敏幸編：ゲルテクノロジー，サイエンスフォーラム社（1997）

3) Yoshimura, K., *et al.*：Physical properties of shark gelatin compared with pig gelatin, *J. Agric. Food Chem.*, **48**：2023〜2027（2000）

4) Szcesniak, A. S.：Classification of textural characteristics, *J. Food Sci.*, **28**：385〜389（1963）

5) 川端晶子：テクスチャーアナライザーによる物性測定，*New Food Industry*, **37**(2)：63〜74（1995）

6) Lethuaut, L., *et al.*：Flavor perception and aroma release from model dairy desserts, *J. Agric. Food Chem.*, **52**：3478〜3485（2004）

# おわりに

**人類とコラーゲン・ゼラチンのかかわり**

　コラーゲンは動物の体たんぱく質の1/3を占めるため，古来からヒトが動物を捕えて食べるときに，多くのコラーゲンが摂取されることは自然なことであった。コラーゲン（collagen）の語源は，「コル」が「膠」（にかわ），「ゲン」が「そのもとになるもの」の意味であり，人類とコラーゲンのかかわりが膠の利用から始まったことを示している（膠とゼラチンの歴史については「我孫子義弘ら編：にかわとゼラチン―産業史と科学技術集―，日本にかわ・ゼラチン工業組合（1997）」を参照されたい）。膠は「煮皮」であり，動物の皮などを原料として温水中で加熱し，そこに含まれるコラーゲンなどのたんぱく質を抽出したものであるため，その純度は低い。膠の歴史は大変に古く，強力な接着剤として幅広く利用されてきたほか，煤煙類と混ぜ合わせることで墨として，また彩色絵具の展開剤としても利用されてきた。さらに紙のにじみ止めや，止血・造血作用のある漢方薬としても使用されてきた。

　1844年ころに膠の製造として真空濃縮法が導入された。さらに濃縮した膠を強制的に乾燥させることによって，高純度で異物の混入がなく，雑菌汚染の危険が少ない製造法が可能となってゼラチンの工業的な製造が発展した。最初のゼラチンの利用法は食用だったと思われるが，1850年ころにはゼラチンカプセルの製造法が開発され，1876年には写真用「ゼラチン乾板」が開発されて，その応用範囲が食用以外にも拡大した。

**日本におけるゼラチンの工業的利用**

　日本においては，明治時代の工業化に伴ってゼラチン製造が増大し

## おわりに

た。その主な用途はマッチの製造や印刷用であった。当時は高品質のゼラチンを製造する技術は国内にはなく、輸入に頼っていた。一方料理の素材としてもゼラチンは利用されており、1915（大正4）年の料理書にはロシアゼリーのつくり方が紹介されている。東京にあった日本皮革株式会社（現、株式会社ニッピ）は、1940（昭和15）年から本格的なゼラチン製造を開始している。ゼラチンを低分子化したコラーゲンペプチドは、1988（昭和63）年ころから製造されるようになり、調味料用のほか、医薬品としても利用されてきた。

このように、本来動物性食材に広く含まれているコラーゲンを抽出した膠・ゼラチンは、さまざまな工業的用途と食品に利用されてきた。さらにコラーゲンペプチドは、1990（平成2）年ころから体感性の高いサプリメントとして飲料などにも使用されるようになり、近年その市場が急速に拡大した。

### 栄養成分としてのコラーゲンの楽しい利用へ

本書では、コラーゲン・ゼラチンを重要な栄養成分のひとつととらえ、コラーゲンの科学的な基礎から、食品・サプリメントとして摂取したときの効果と作用メカニズム、さらにその料理への利用法までをまとめた。食品として摂取されたコラーゲンが体内で消化・吸収され、その特徴的な効果を現すメカニズムは、今後急速に解明されるであろう。その研究成果が、栄養成分としてのコラーゲンの「実用的で楽しい」利用をさらに発展させ、人びとの健康維持に役立つものと期待している。

2011年2月　著者代表　小山洋一

# さくいん

## ア
アクチニダイン……53
アクチン……24
あなご……94
アミノ酸スコア……80, 112, 115
アミノ酸プール……32
アラニン……27
アルカリ処理ゼラチン……65
アルカリ抽出法……52
α鎖……50
α1鎖……8, 50, 53
α2鎖……8, 50, 53
α-ラクトアルブミン……118
アルブミン……16

## イ
イオン結合……12, 120
板ゼラチン……130
Ⅰ型コラーゲン……10, 50

## ウ
牛Ⅰ型コラーゲン……8
牛テール……84
牛由来ゼラチン……130
うなぎ……95

## エ
え び……107
海老芋……85
MMP-2……31
MMP-9……31

## オ
オセイン……64
オリゴペプチド……43
オレンジ……103

## カ
壊血病……29
化学的作用……12
架 橋……30
カゼイン……118
かぼちゃ……111
顆粒ゼラチン……130
関節痛……37
官能検査……128, 129
γ鎖……53

## キ
祇園祭……82
絹フィブロイン……16
牛 骨……63

牛骨ゼラチン……66
球状たんぱく質……16
牛すじ……86
牛すね肉……96
牛テール……59
牛 皮……63
共有結合……10, 120
筋周膜……24
筋上膜……25
筋内膜……24

## ク
グリコサミノグリカン……20, 45
グリシン……27

## ケ
鶏 卵……91, 92
血 液……17
結合組織……17, 20, 24
ケラチン……16
ゲル化……117, 118, 120
ゲル化食品……117, 118, 119
ゲル強度……124
健康補助食品……73

## さくいん

### コ

構造たんぱく質..............17
酵素抽出法..................51
Ⅴ型コラーゲン..............50
骨格筋......................24
骨芽細胞....................23
骨組織......................17
骨密度..................23, 36
粉ゼラチン.................130
コラーゲン.........3, 4, 23, 80
　──の抽出...............60
コラーゲンα鎖...............8
コラーゲン細線維..............9
コラーゲン食品...............81
コラーゲン摂取量.............76
コラーゲン線維............9, 39
コラーゲンペプチド...........35
コラーゲン料理...............81
コラゲナーゼ.................31

### サ

細胞外マトリックス
　.......................19, 20
魚........................132
魚の鱗......................63
魚の皮......................63
魚由来ゼラチン.........132, 133
酢酸アミル.................127
さ　ば......................97
サプリメント.................73
Ⅲ型コラーゲン...............50

三重らせん構造...........8, 50
酸処理ゼラチン...............65
酸　浸......................64
酸抽出コラーゲン.............50
酸抽出法....................51

### シ

紫外線......................39
支持組織....................20
シスチン...................113
市販ゼラチン......49, 130, 131
熟　成......................25
上皮組織....................20
食品用ゼラチン..............130
食　感.....................121
白きくらげ...................90
白身魚.....................105
真　皮......................22

### ス

水素結合..........9, 10, 12, 120
寿　司.....................106
すじ膜......................55
スモークサーモン........99, 100

### セ

制限アミノ酸............112, 115
成熟架橋....................10
石灰浸......................64
ゼラチナーゼ.................31
ゼラチン........4, 12, 63, 80, 130
ゼラチン化..................31

ゼリー強度..............66, 132
線維芽細胞...................22
線維芽細胞...............22, 39
線維状たんぱく質.............16

### ソ

そうめん...................108
組織結合....................15
組織コラーゲン...............12
咀嚼性......................58
疎水結合................12, 120
疎性結合組織.................17
ゾ　ル.....................119

### タ

代謝回転....................27
多　糖......................20
単純たんぱく質................3
たんぱく質....................3

### チ・ツ

窒素換算係数................113
抽出率..................50, 51
中性塩抽出コラーゲン.........50
チロシン...................113
爪.........................42

### テ

低たんぱく状態...............37
テクスチャー...........121, 123
鉄イオン....................29
テロペプチド...............8, 51

## ト

糖たんぱく質……………20
等電点………………………65
トマト………………………102
トランスグルタミナーゼ
　（TG）………………………67
トランスグルタミナーゼ
　（MTG）……………………67
トリプトファン……47, 112
豚　皮………………………63

## ナ・ニ

なまこ………………………101
軟骨細胞……………………45
膠………………………………3, 4
鶏手羽先……………………87

## ハ

白　桃………………………104
パパイン……………………56
は　も………………………81
　──の骨切り……………83

## ヒ

非共有結合…………………120
ビタミンC……………………29
必須アミノ酸…47, 113, 114
ヒドロキシアパタイト…23
ヒドロキシプロリン
　………………………4, 7, 27
ヒドロキシプロリン係数
　………………………………74
非必須アミノ酸……………113
皮　膚………………17, 22, 38
ピリジノリン………………32

## フ

フィシン……………………56
フェニルアラニン…………113
ふかひれ……………………88, 89
ふかひれ類似食品…………70
豚　肉………………………98
豚由来ゼラチン……………130
物理的作用…………………12
不溶性コラーゲン…………50
フレーバー・リリース
　………………………………127
プロクターゼ………………51
プロテオグリカン…………20
Pro-Hyp……………………43
Cプロペプチド……………29
Nプロペプチド……………29
ブロメライン………………56
プロリルヒドロキシラーゼ
　…………………………28, 29
プロリン………………4, 7, 27

## ヘ・ホ

$\beta$鎖……………………………50
$\beta$11鎖……………………………53
$\beta$12鎖……………………………53
ヘキサナール………………127
ペプシン………………51, 53
ペプチド結合………………6
ペプチド態…………………34
ヘリックス構造……………8
変性コラーゲン……4, 12, 49
ペンタン酸エチル…………127
棒　鱈………………………85

## マ・ミ・メ

抹　茶………………………109
ミオシン……………………24
未熟架橋……………………10
み　そ………………………110
密性結合組織………………17
未変性コラーゲン
　……………………49, 50, 51
メチオニン…………………113

## ユ

誘導たんぱく質……………3, 4
遊離態………………………32

## リ・ロ

両性電解質…………………65
リン酸カルシウム…………23
リンパ液……………………17
老化架橋……………………10
Ⅵ型コラーゲン……………50

〔編著者〕

和田 正汎（わだ まさひろ）　　女子栄養大学栄養科学研究所客員研究員
　　　　　　　　　　　　　　　　博士（栄養学）

長谷川 忠男（はせがわ ただお）　東京農業大学教授　農学博士

〔著　者〕（五十音順）

阿久澤 さゆり（あくざわ さゆり）　東京農業大学応用生物科学部准教授
　　　　　　　　　　　　　　　　博士（農芸化学）

大森 正司（おおもり まさし）　　大妻女子大学第三食品学研究室教授
　　　　　　　　　　　　　　　　農学博士

笠井 孝正（かさい たかまさ）　　元東京農業大学生物産業学部教授　医学博士

小山 洋一（こやま よういち）　　(株)ニッピ　バイオマトリックス研究所
　　　　　　　　　　　　　　　　理事・主任研究員　理学博士

田中 啓友（たなか けいすけ）　　(株)ニッピ　バイオマトリックス研究所
　　　　　　　　　　　　　　　　プロジェクトリーダー　工学修士

棚橋 伸子（たなはし のぶこ）　　東京農業大学応用生物科学部非常勤講師
　　　　　　　　　　　　　　　　管理栄養士

## コラーゲンとゼラチンの科学
― 食品に活かして楽しむ ―

2011年（平成23年）3月1日　初版発行

| | |
|---|---|
| 編 著 者 | 和　田　正　汎 |
| | 長谷川　忠　男 |
| 発 行 者 | 筑　紫　恒　男 |
| 発 行 所 | 株式会社 建帛社 KENPAKUSHA |

〒112-0011　東京都文京区千石4丁目2番15号
　　　　　　TEL（03）3944-2611
　　　　　　FAX（03）3946-4377
　　　　　　http://www.kenpakusha.co.jp/

ISBN978-4-7679-6153-8　C3077　　　　　　壮光舎印刷／愛千製本所
Ⓒ和田正汎・長谷川忠男ほか，2011　　　　　　　　　Printed in Japan

本書の複製権・翻訳権・上映権・公衆送信権等は株式会社建帛社が保有します。

**JCOPY** 〈(社)出版者著作権管理機構　委託出版物〉

本書の無断複写は著作権法上での例外を除き禁じられています。複写される場合は、そのつど事前に、(社)出版者著作権管理機構（TEL03-3513-6969，FAX03-3513-6979，e-mail : info@jcopy.or.jp）の許諾を得て下さい。